ハヤカワ文庫NF
〈NF291〉

〈数理を愉しむ〉シリーズ

物理学者はマルがお好き

牛を球とみなして始める、物理学的発想法

ローレンス・M・クラウス
青木 薫訳

早川書房
5397

FEAR OF PHYSICS
A Guide for the Perplexed

by

Lawrence M. Krauss

Translated by
Kaoru Aoki
First published in the United States by
BASIC BOOKS,
A Subsidiary of PERSEUS BOOKS L.L.C.
Published 2004 in Japan by
HAYAKAWA PUBLISHING, INC.
This book is published in Japan by
arrangement with
BASIC BOOKS,
A Subsidiary of PERSEUS BOOKS L.L.C.
through TUTTLE-MORI AGENCY, INC., TOKYO.

本文イラストレーション／川村 易

つねに変わらぬインスピレーションの源であるケイトと、
つねに変わらぬ喜びの源であるリリーに本書を捧げる。

目次

はじめに

パーティーの席で私が物理学者だとわかったとき、相手はすぐに次のいずれかの行動をとる。（1）話題を変えるか、（2）ビッグバンや多世界、クォークやスーパー三部作——スーパーコンダクター（超伝導）、スーパーストリング（超ひも）、スーパーコライダー（超大型衝突型加速器）——などについて質問しはじめるかだ。高校時代には物理学の授業をさぼっていたし、それを後悔もしていないという人たちでさえ、ときには物理学の最前線にある深遠な現象に心をひかれるようである。人は誰しも、ときに宇宙の謎に思いをめぐらせるものだが、物理学はそういう疑問をたくさん扱っているのだ。ところが今日《こんにち》、物理学は、よそよそしくて近寄りがたい分野だと思われがちである。その理由のひとつは、物理学の最先端で行なわれている研究の多くが、われわれの日常の経験からかけ離れていることだ。

しかし現代物理を眺めてみようとするとき、目の前に立ちはだかるもっと基本的な障壁がある。それは、物理学者の用いる方法や言葉もまた、日常世界のそれとはかけ離れていることだ。物理学を眺める際に手引きになってくれるような、「全体としての枠組み（ゲシュタルト）」がないかぎり、物理学の新しい進展にともなう奇妙な現象や概念は、支離滅裂で恐ろしげなものにしか見えないだろう。かくして物理学への恐怖心が生まれることになる。

この障壁を打ち壊し、現代物理学の姿（と私が思うところのもの）を示すためには、個々の理論を説明するのではなく、物理学者の使う道具に的《まと》を絞るのがよさそうである。人間の知的営みのひとつとして、また現代的宇宙観の基礎としての現代物理学の動向を知りたければ、まずはこの業界の「流儀」を知っておけば、話はずっと容易になるし、怖《お》じ気《け》づくこともなくなるだろう。

私が本書でやりたいのは、現代物理学というジャングルの中の踏みならされた道を示すことではなく、ジャングルを歩きまわるための方法を教えることである――どんな装備が必要なのか、崖や袋小路に行きあたらないためにはどうするか、どんな道がおもしろそうか、無事に家に帰り着くためにはどうすればいいか。

物理学者たちにしても、現代物理学のさまざまな進展を理解できるのは、そうした進展の基礎にあるのが、日常世界を探るために用いられて成功してきたのと同じ、ごく少数の基本的アイディアだけだからなのである。今日の物理理論が扱う現象は、いちばん小さなスケールからいちばん大きなスケールまで、六十桁《けた》もの幅がある時間と空間を舞台としている。実験がカバーする領域はもう少し狭いけれど、それほど狭いというわけではない。そんな広大な舞台で起こる多種多様な現象のうち、どれかひとつをひとりの物理学者が記述すれば、ほかのすべての物理学者たちは、わずか十かそこらの基本概念を使うことによりそれを理解することができるのである。人間が作りあげた学問のなかで、これほど幅広く、これほど単純な分野はほかにない。

本書が薄いのは、ひとつにはこのためである。物理学の道具はごくわずかで、それらを使いこなすためには大学院まで行く必要があるにせよ、道具の説明をするだけなら分厚い本などいらないのだ。

読者は六つの章を読み進めるうちに（そのためには、まず一冊買ってください）、一章につきひとつずつ、物理学研究を導いている重要なアイディアやテーマに出会うだろう。取りあげた例は、ごく初歩的なものから、ニューヨークタイムズの科学記者が一週間ほど頭を悩ませるようなものまで、物理学のあらゆる分野から選んである。テーマの選びかたに統一性がないと思われるかもしれないが、おおまかには、はじめのほうの章ではこれまで物理学者を導いてきたアイディアについて、最後のほうの章では、今われわれを導いてくれているアイディアについて述べるつもりだ。

そんなわけで、あるテーマを説明するために、これまで使われてこなかった新しい概念も臆《おく》せず取りあげることにした。それを斬新で面白いと思う読者もいるだろうし、頭に入りにくいと思う読者もいるだろう。なかには、基礎的であるにもかかわらず、一般向けの本ではほとんど扱われてこなかったアイディアもある。

しかし怖れることはない——後で試験など受けなくてもよいのだから。本書の目標は、物理学をきちんと理解してもらうことよりも、物理学の香りを嗅いでもらうことにある。今日、科学者ではない一般の人々にとって必要なのは、具体的な知識ではなく、むしろ本質を見通すことではないだろうか。それこそまさに私が目指したことである。

いちばん重要なのは、私がおおまかに描き出したさまざまな話題の背後には、精妙で驚嘆すべき結びつきがあるということだ。物理学を織りなしているのは、そんな結びつきなのである。結びつきを発見することは理論家の喜びであり、結びつきの強さを試すことは実験家の喜びだ。結局のところ、そもそも物理学を研究できるのも、そうした結びつきが存在するおかげなのである。読者がさらに幅広く学びたいと思うなら、そのための本や資料はたくさんある。

最後に強調しておきたいのは、物理学もまた絵画や音楽と同じく、創造的で知的な人間活動のひとつだということだ。物理学は、文化の形成に一役買ってきた。われわれが過去から受け継ぎ、未来へと手渡していく遺産のなかで、この先何がもっとも影響力をもつようになるかはわからない。だが、ひとつ確信をもって言えることがある。それは、受け継がれていく科学的伝統の文化的な側面を無視するのは、大きな誤りだということだ。つまるところ科学研究とは、われわれの世界観や、この世界における人間の位置に関する考えかたを変えることである。してみれば、科学の「か」の字も知らないのは、やはり教養がないということになるだろう。そして教養の価値は――美術であれ音楽であれ、文学であれ科学であれ――なによりもまず、われわれの生活を豊かにしてくれる点にこそある。われわれが喜びや興奮、美しさ、不思議、冒険を経験できるのは、さまざまな教養のおかげなのだ。

科学とそれ以外の教養との違いは、恩恵を受けるために越えなければならない敷居《しきい》が、ほかよりちょっと高いことだけだと私は思う。実際、物理学者の行為を正当化する大きな根拠のひとつは、「物理学を研究するのは楽しい」ということなのだ。新しい結びつきを発見し、ものごとにつながりをつけるのは、どんな分野であれ楽しいことである。物理的世界の多様性と、その基本的なしくみの単純さは、どちらも美しくて人の心をかきたてる。そこで私は、本書を次の疑問に捧げたいと思う。「ごく普通の人が、心理的抵抗を捨て去り、自らを解き放ち、基礎的で単純な物理学の喜びを味わうことは可能だろうか？」可能であってほしいと私は思う。

ローレンス・クラウス

謝辞

この人なしに本書は生まれなかったろう――少なくとも今の形では――と思う人物はたくさんいる。まずはじめに、ベーシック・ブックスの社長マーティン・ケスラーである。彼は今から十年ほど前、朝食を共にしながらうまく私を丸め込み、「物理学者は物理学をどう考えているのか」という私のアイディアを、野心的と思える本を書くという話にもっていった。前年には、われわれは別の本の契約書を交わしていたのだが、彼は親切にもそれを延期し、当時の私がよりタイムリーだと考える本をベーシック・ブックスのために書けるようにしてくれた。先の企画の担当者だったリチャード・リープマン－スミスとは良い友だちになり、彼がベーシック・ブックス社を去る前に本書について交わした議論は、私は何をやりたいのかを突き詰めて考えるのに役立った。

『物理学者はマルがお好き』は、当初私がイメージしていたものとはずいぶん違う本になった。まず、妻のケイトが読みたいと思うような本になった、と期待したい。実際、私が自分のアイディアや、その表現方法をケイトを相手に試してみると、彼女はいつも意見を聞かせてくれた。それどころか第1章などは、彼女から「十分読むに堪えるし、面白い」という太鼓判をもらえるまで、原稿を出版社に渡さなかったほどである。また、新しくベーシック・ブックスの科学書主任編集者となったスーザン・ラビナーは、この企画を最後までやり遂げるうえで大きな力になってくれた。彼女は、この企画は実現可能だし、さらに重要なことには、ベーシック・ブックスはこの種の本を作り、売る気があるのだと私に納得させてくれた。いったんこの点に納得がいき、私がひとつの章を書きたいように書きあげてからは、彼女は実にねばり強かった。本書にかける彼女の意気込みは、いつも私のやる気の素だった。とくに彼女は、表紙の決定や校正のスケジュールを早め早めに設定するので、私はいつも追いたてられ、おかげでほぼ予定どおりに原稿を書きあげることができた――こんなことは私にとってはじめての経験である。

執筆中は、本書で扱ったアイディアについて多くの人と議論する機会に恵まれた。先述のように、妻は目の細かい篩《ふるい》になってくれた。また、「科学専攻でない学生向け」の物理学コースを受講してくれた学生たちにも感謝したい。彼らは、私の説明が下手なときには、はっきりそれと教えてくれた。講義のなかで彼らが得たものよりも、私が得たもののほうが多かったのではないかと心配している。また、以前勤めていたオンタリオ

・サイエンス・センターでは、物理学者でない人たちは、何を理解できると思うのか、そして何を理解したいと思うのかを（この二つは別のことだ）見極める力をつけさせてもらった。最後になるが、本書は直接間接に、私の子ども時代の先生たちや、大人になってからの同僚および共同研究者のみなさんのおかげをこうむっている。多人数となるため個々にお名前を挙げてお礼申しあげることはできないが、該当されるかたは、自分がそのなかに含まれていることをご存知だと思うし、私の感謝の気持ちもわかってくださると思う。本書を読めばすぐにわかるように、物理学の多くの分野に関する私の考えかたは、リチャード・ファインマンから大きな影響を受けている。ファインマンは私だけでなく、多くの物理学者に影響を与えたに違いない。物質の相転移《そうてんい》に関する議論を見なおすにあたっては、スピール・サハデフに有用な議論をしていただいた。また、原稿に目を通し、コメントをくれたマーティン・ホワイトとジュールズ・コールマンに感謝する。

　最後になったが、娘のリリーに感謝したい。私のコンピューターが何度か壊れたとき、リリーは自分のコンピューターを貸してくれた。現実的な意味で、彼女の助けがなかったならばこの本はまだできていなかっただろう。リリーもケイトも、私といっしょに過ごせたはずの貴重な時間を犠牲にしてくれた。その埋め合わせはしたいと思っている。

どんな旅にも、旅のはじめに謎がある
——旅人はいかにして出発点に着いたのか？
ルイーズ・ボーガン『自室のなかの旅』

物理学者はマルがお好き

牛を球とみなして始める、物理学的発想法

第1部　プロセス

第1章　明かりのあるところを探せ

道具が金槌《かなづち》しかなかったなら、人は何でも釘のように扱うだろう。

物理学者と工学者と心理学者の三人が、生産の思わしくない酪農場にコンサルタントとして招かれた。三人はまず経営状況をくわしく調べる時間を与えられたのち、順番に呼ばれて意見を聞かれることになった。

最初に呼ばれた工学者はこう述べた。

「牛舎の仕切りをもっと細かくすべきです。牛をきっちり詰め込んで、一頭あたり八立方メートルくらいにすれば効率が上がるでしょう。それから、搾乳管《さくにゅうかん》の直径を四パーセントほど大きくして、牛乳の平均流量を増やすことです」

次に呼ばれた心理学者は、こう提案した。

「牛舎の内側は緑色にしてください。緑は茶色よりも気分を穏やかにしますから、乳の出がよくなるはずです。それから牧草地にもっと木を植えて、牛が草を食べるときに退屈しない風景にしてください」

最後に物理学者が呼ばれた。彼は黒板を用意してくれと頼み、円をひとつ描いた。

「まず、牛を球と仮定します……」

この古いジョークは、それほど面白いものではないにせよ、物理学者が世界を描き出すときの方法をうまく説明している（少なくとも、たとえ話としては）。物理学者が自然を描写するために使える道具は、それほど多くはない。読者がどこかで読んだことのあるような最新理論のほとんどは、生まれたときは簡単なモデルだった——なぜなら物理学者たちは、簡単なモデルを使う以外に、問題へのアプローチのしかたを知らないからだ。その簡単なモデルも、たいていはもっと簡単なモデルからできている。そのもっと簡単なモデルも、さらにいっそう簡単なモデルからできている、と続いていく。こんなふうになっているのは、厳密に解けることがわかっている問題のタイプが、片手で（あるいはせいぜい両手で）数えられるほどしかないからだ。物理学者が従っている指針は、たいていの場合、ハリウッドの映画プロデューサーを毎度儲けさせている指針と同じである。いわく、「使えるネタはとことん使え。うまくいったら、二匹めのどじょうを狙え」

「牛のジョーク」は私のお気に入りなのだが、それはこの話が、「世界を簡単に捉《とら》える」という考えかたの良い例になっているからだ。また、一般向けの本にはあまり書かれていないけれども、物理学者の日々の研究には欠かせない重要な考えかたをずばり説明するのに都合がいいからでもある。その考えかたとは、「まずはじめに、関係ないことは全部切り捨てろ！」というものだ。

ここには重要な言葉が二つ含まれている。「関係ない」と「切り捨てろ」だ。関係ないことを切り捨てるというのは、この世界のモデル（それがどんなものであれ）を作るための最初の一歩であり、人間は生まれたときから無意識にそれをやっている。ところが意識的にやるとなると、これがけっこう難しいのだ。「不要な情報も捨てたくない」という自然な欲求に打ち勝つことは、物理学を学ぶうえでもっとも重要、かつ困難なことなのかもしれない。しかも、与えられた状況のなかで何が「関係ない」ことかは、あなたが何に興味をもつかによって異なってくる。そこで重要になるのが、「切り捨てる」という二番めのキーワードだ。

物理学に必要とされる「切り捨て」のうち、おそらくもっとも力量を問われるのは、問題への取り組みかたを決めるときの判断だろう。直線に沿った運動を記述するという だけでも（それができるようになったことは、近代物理学における最初の大きな発展だった）、大胆な「切り捨て」をしなければならず、ガリレオが登場するまでは、大物の知識人にさえ満足なことはほとんどできなかったのだ。しかしここはひとまず物理学者と牛に話を戻し、極端とも思える「切り捨て」がどれほど有効かを見ておくことにしよう。

まず牛の絵を見てもらおう。

球で表わされた牛

次に「スーパー牛」を想像してみよう。スーパー牛は、縦・横・奥行きの三つの次元がすべて二倍にスケールアップされていることを別にすれば、普通の牛と同じである。

普通の牛

スーパー牛

さて、この二頭の牛の違いは何だろうか？　「一方が他方より二倍だけ大きい」とはどういう意味だろう？　縦・横・奥行きが二倍になれば、大きさも二倍になるのだろうか？　たとえば体重は何倍になるのだろう？

二頭の牛が同じ材料でできているなら、体重はその材料の正味の量で決まると考えてよい。材料の量を決めているのは、牛の「体積」である。複雑な形ならば体積を計算するのもたいへんだが、球の体積ならば簡単だ。高校で習ったことを思い出すと、半径 r の球の体積は $\frac{4}{3}\pi r^3$ になる。しかしここでは体積そのものを知る必要はなく、二頭の牛の体積比がわかりさえすればよい。体積比を求めるために、体積は「立方センチ」、「立方メートル」、「立方キロメートル」などの単位で計られることを思い出そう。ここで重要なのは、「立方（三乗）」という言葉だ。これはつまり、三つの次元の長さをそれぞれ二倍すれば、体積は二の「三乗」倍、すなわち2×2×2＝8倍になるということである。したがって、スーパー牛の重さは、普通の牛の八倍になる。

次に、牛の皮で服を作ることを考えよう。スーパー牛から取れる皮は、普通の牛から取れる皮の何倍になるだろうか？　皮の量は、牛の表面積と同じように増える。表面積は、「平方センチ」、「平方メートル」、「平方キロメートル」などの単位で計られるから、体積のときと同じ理屈で、各次元の長さを二倍にすれば、表面積は2×2＝4倍になる。

つまり、「大きさ」が二倍のスーパー牛は、普通の牛の八倍の体重を、四倍の皮膚で支えなければならないのである。これをよく考えてみると、スーパー牛が皮膚に受ける圧力は、普通の牛の二倍になるということだ。もしも球形のスーパー牛をどんどん大きくしていけば、いずれ皮膚（または皮膚に近い臓器）は、倍々に増加する圧力に耐えられなくなり、牛は破裂してしまうだろう。そんなわけで、どれほど天才的な牧場主でも、

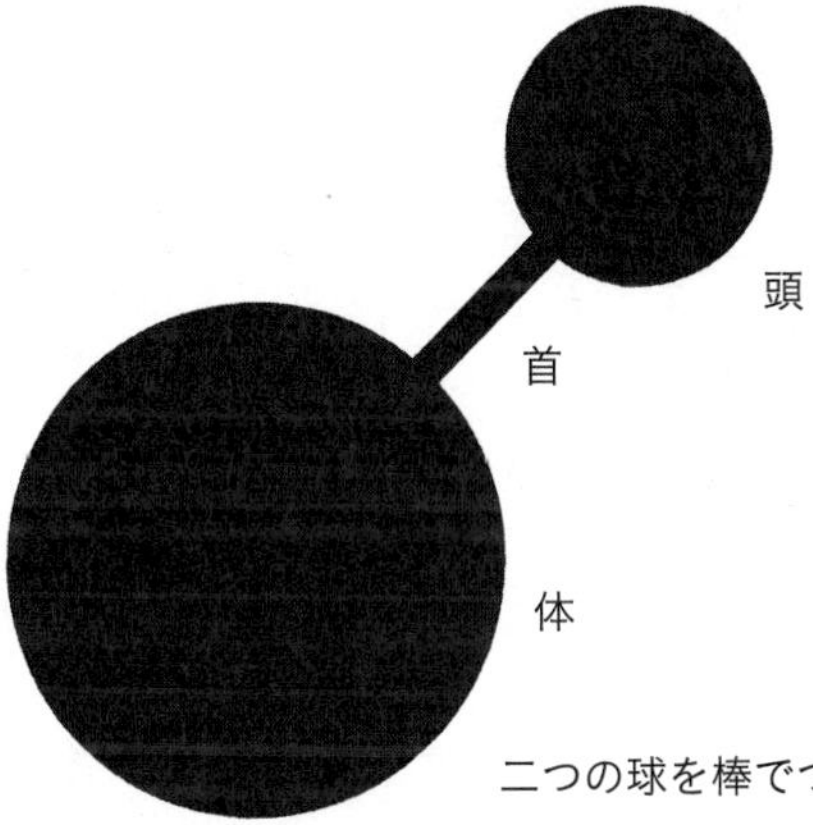

二つの球を棒でつないだ牛

育てられる牛のサイズには限度があるのだ——これは生物学の問題ではなく、自然界のスケーリング則《そく》によって課される制約である。

　これらのスケーリング則は牛がどんな形をしているかによらないから、球のような簡単な形を仮定しても失うものは何もない。そして球ならば、あらゆる計算を厳密に行なうことができるのだ。もしも私が、不規則な形の牛についてその体積を求め、縦・横・奥行きそれぞれのサイズを二倍にしたときに体積がどう変化するかを知ろうとしていたなら、同じ結果を得るためにずっと苦労をしたことだろう。つまりここでの目的に関するかぎり、牛はまさに球形なのだ！

　ところで、牛の形に関する近似を改良すれば、新しいスケーリング関係を見出すことができる。たとえば上の図のように、牛の絵を少しだけ写実的にしてみよう。

スケーリングの議論は、全体としての牛だけでなく、牛の体の一部についても成り立つ。したがってスーパー牛の頭は、普通の牛の頭よりも八倍だけ重いことになる。次に、頭を胴体につなげている首を考えよう。この図では、首は棒状の円柱形で表わされている。棒の強さは、断面積に比例する（同じ材質で作られているなら、太い棒のほうが細い棒よりも強い）。棒の太さが二倍になれば、断面積は四倍になる。つまりスーパー牛は、頭の重さは普通の牛の八倍なのに、首の強さは四倍しかないことになる。普通の牛とくらべると、スーパー牛の首は、頭を支える効力は半分しかないのである。もしもスーパー牛をどんどん大きくしていけば、すぐに首の骨は頭を支えられなくなるだろう。恐竜の頭が巨大な体にくらべて非常に小さいのも、イルカやクジラなど、体のわりに大きな頭をもつ動物が水中に棲んでいるのも、こういうわけだったのだ。水中の物体は軽くなったように振る舞うため、頭を支えるにもそれほどの強度はいらないのである。

くだんの物理学者が、牛乳の生産量を上げたければ大きな牛を作りなさい、などと言わなかったのは当然だろう。それよりいっそう重要なのは、この物理学者の単純素朴な「切り捨て」のおかげで、自然界のスケーリングに関する一般原理をいくつか導けたことである。そしてスケーリングの原理はどれも、おおむね形によらないので、いちばん簡単な形を使って計算をすればよい。

本筋に関係のないことは、すべて切り捨てる。

この簡単な例を使ってできることはまだまだたくさんあるのだが、それはまた後にまわすことにして、まずはガリレオに話を戻そう。ガリレオの仕事のなかでもっとも偉大なのは、今から四百年ほど前に、運動とは何かを説明することにより近代科学を「創造」した際、「関係ないことは切り捨てる」という先例を作ったことである。

物体がそれぞれ異なる運動をするのは、この世界にそなわる明らかな特徴である。この特徴があるために、運動を一般的に説明することなどできそうには思えなくなる。飛ぶ鳥から抜け落ちた羽はふんわりと空を舞うが、ハトの糞は狙いすましたように車のフロントガラスに落ちてくる。三歳の子どもがでたらめに投げたボウリングのボールがみごとにレーンを転がることもあれば、芝刈機は自力では一メートルも動いてくれない。ところがガリレオは、この世界にそなわるこの当たり前の性質が、実は、本質とはまったく「関係ない」ことに気づいたのである。マーシャル・マクルーハンは「メディア(medium)はメッセージだ」と述べたが、ガリレオはそれよりずっと昔に、「媒質《ばいしつ》(medium)は邪魔者だ」と見抜いていたのだ。ガリレオ以前の哲学者にとって、媒質とは、運動そのものが起こりうるために必要不可欠なものだった。ところがガリレオは、媒質は物体のまわりにある余計なものであって、それを切り捨てなければ運動の本質は捉えられないと主張したのである。ガリレオはその著書『新科学対話』のなかで次のように述べた。

「あなたはひとつの物体が、水中では他よりも百倍の速さで落下するのに、空中ではほとんど同じ速度で落下し百分の一も先んじないのを見たことがないでしょうか。たとえば大理石の卵は、水中では鶏卵より百倍も速く沈みますが、空中では二十キュービットの高さから落下するとき、指幅四つも差がないのです」

ガリレオはこの考えかたにもとづいて、すべての物体は——媒質の影響を無視すれば——まったく同じように落下するはずだと正しく主張した。さらに彼は、「関係ない」とはどういうことかを明らかにすることで、彼の「切り捨て」を受け入れられない人たちからの批判に備えたのだった。ガリレオはこう述べた。「私はあなたを信じていますが、あなたは多くの人たちのやり口をまねて、議論を主題から逸《そ》らし、ほんの毛ほどの弱みをもった私の言葉尻を捉えて、それでもって船の碇綱《いかりづな》ほどもある大きな誤りをその陰に隠すようなことはなさらないでしょうね？」

ガリレオによれば、アリストテレスがやったことはまさにそれだった。アリストテレスは、運動の共通点にではなく、運動の差異（それは媒質の影響にすぎない）に着目したのである。その意味では、邪魔な媒質の存在しない「理想的」な世界は、現実の世界から「ほんの毛ほどの」距離にあったと言えるだろう。

いったんこの重大な「切り捨て」を行ない、媒質の影響を無視してしまえば、あとは文字どおりまっすぐ進むだけだった——実際ガリレオは、外力を受けずに自由に運動する物体は「直進する」と主張したのだ。過去にどんな運動をしていようと、外力が働かなくなったとたん、物体は同じ速度で直進しはじめるのである。

ガリレオは、歩くとつるつるすべる氷面のように、摩擦の小さな状態を調べることにより、物体は本来、一定速度で運動しつづける（速度が大きくなったり小さくなったり、向きを変えたりすることはない）ことを示そうとしたのだった。いったんそれがわかってしまえば、アリストテレスが「運動の自然的状態」と呼んだもの（すなわち、静止状態に向かおうとする性質）は、媒質のせいで生じる「余計なこと」としか考えられない。

この結論のどこがそれほど重要だったのだろうか？　それは、「一定の速度で運動する物体」と、「静止している物体」との垣根《かきね》を取り払ったことである。外力が働かないかぎり状態を変えないという意味では、どちらも同じなのである——「ゼロ」は無数にある速度のひとつにすぎず、「一定の速度」と「速度ゼロ」とでは、速度の大きさが違うだけなのだ。

ガリレオはこれに気づいたおかげで、それまで運動の研究の焦点だった「物体の位置」を取り払い、新たな焦点を「位置がどう変化するか（つまり速度が一定かどうか）」に絞ることができた。そして、いったん「力を受けていない物体は、一定速度で運動する」ことに気づいてしまえば、「力の効果は、速度を変化させることである」と気づくまでは小さな飛躍をするだけでいい（とはいえ、それをするためにはニュートンの頭脳が必要だったのだが）。

「一定の」力が働いたときに変化するのは、物体の「位置」ではなく「速度」である。そして力が変化すれば、「速度の変化のしかた」が変化する。これがニュートンの法則である。この法則を使えば、この世のすべての物質の運動を理解し、自然界にあるすべての力（つまり、宇宙のあらゆる変化の背後にあるもの）の性質を調べることができる――こうして近代物理学が誕生したのだった。

もしガリレオが「関係ない」ことを「切り捨て」なかったら、そして、重要なのは速度と、速度が一定かどうかだということに気づかなかったら、この進歩はなかったかもしれない。

◇

残念なことに、われわれはものごとを厳密に理解しようとするあまり、基本的なことを見失い、枝葉末節《しようまつせつ》にこだわってしまいがちである。ガリレオやアリストテレスでは親しみがもてないというなら、もっと身近な例を挙げよう。じつは私の親戚が、数人の仲間とともに（みな大学出で、そのなかのひとりは高校の物理教師だった）、地球の重力場だけをエネルギー源とする発動機の開発計画に百万ドル以上も投資してしまったのだ。あと少しの金があれば、世界のエネルギー危機を解決し、外国産石油への依存をなくし、大金持ちになれるという夢に踊らされて、そんな話をすっかり信じ込んでしまったのである。

彼らにしても、何もないところから何かが出てくると信じるほどおめでたくはなかった。彼らは自分たちが投資している機械が、いわゆる「永久機関」だとは知らず、その機械は地球の重力場からうまくエネルギーを取り出す仕組みだと信じ込んでいたのだ。その機械には歯車や滑車やてこがたくさんついていたため、実際に機械を動かしているメカニズムだけを取り出してみることも、工学的特徴を詳しく調べることもできそうにはなかった。機械のデモンストレーションでは、ブレーキをはずすと大きなはずみ車が回りはじめ、少しのあいだ回転速度が上がったように見えたという。投資家たちはそれで納得した。

その機械は複雑ではあったが、細部に惑《まど》わされなければ、そんなうまい機械などできないことがわかるのだ。次頁の図には、機械の一サイクルのはじめとおわりの状態を示した(すべての輪が一回転した時点で一サイクルがおわる)。

歯車、滑車、ナット、ボルトがどれもみな、はじめとおわりとで同じ位置にあるのがわかるだろう。位置が変化した部品もなければ、落下したものも、消えてなくなったものもない。もしもサイクルの開始時点で大きなはずみ車が静止していたなら、サイクルの終わりにそれが動いているはずはないのである。

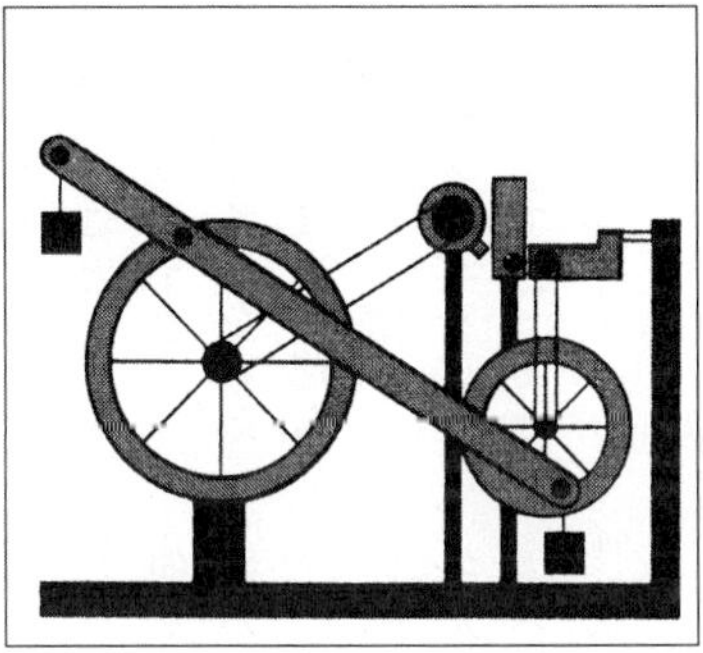

サイクルのはじめ

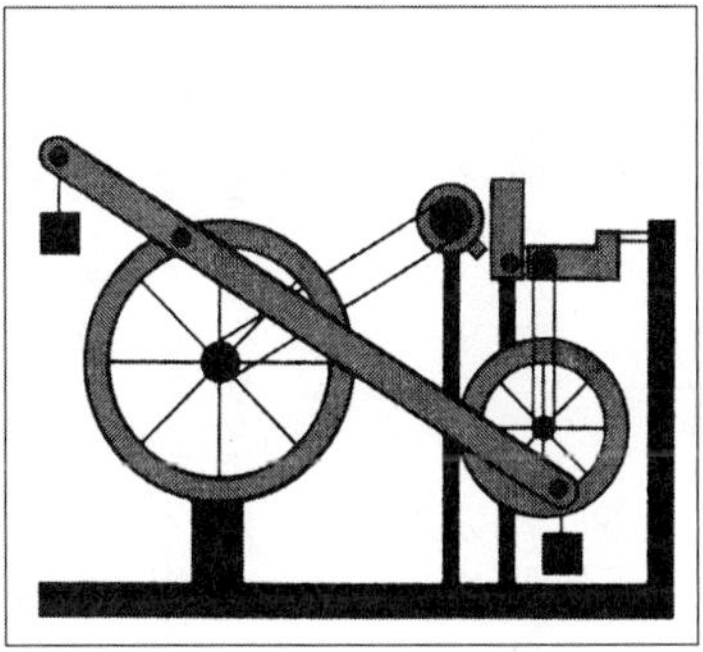

サイクルのおわり

この機械を「工学的」に分析するのは大変だ。部品が多いため、各部品に働く力を調べるだけでも大仕事になる。それに対して「物理的」な分析なら、細かいことは気にせず、基本的なことだけを考えればよい。たとえば、機械全体をブラックボックスに入れて、「ブラックボックス内で何も変化しなければ、そこから何も出てくるはずはない」という簡単な条件を考えてみるのだ。何から何まで知ろうとすれば、「木を見て森を見ず」になるのは当然だろう。

では、安心して捨てていいものと、本質的に重要なものを区別するにはどうすればいいだろうか？　実を言えば、そんな区別はつかないことが多いのだ。唯一の方法は、行けるところまで行ってみて、得られた結果が道理にかなっているかを確かめることだけである。リチャード・ファインマンはこう言った。「おのれ憎《に》っくき水雷め、全速前進！」(*)

◇

いま仮に、太陽の構造を知りたいとしよう。太陽表面から放射されているエネルギーの観測値を説明しようとすれば、太陽の中心部はとてつもなく高温、高密度で、毎秒一千億個もの水素爆弾が炸裂していると考えなければならない。それほど激烈かつ複雑な環境は、想像することさえできないほどだ。それにもかかわらず、人間にとっては幸運なことに、過去数十億年にわたり、太陽の炉にはほとんど変化がなかった。したがって、「太陽内部はおおよそ平穏《へいおん》だ」と仮定するのはそれほど無理な話ではない。しかし、それがダメだというのなら、次に簡単で唯一解析的に扱えそうなのは（解析的に扱えることは重要なポイントだ）、太陽の内部は「流体静力学的平衡《りゅうたいせいりきがくてきへいこう》にある」と仮定することだ。「流体静力学的平衡にある」とは、おおよそ次のようなことである。太陽の内部で原子核反応がつづくと、太陽の温度が上がり、太陽外層部をちょうど支えられるだけの圧力が生じる。もしも圧力が足りなければ、太陽は重力のために潰《つぶ》れてしまうだろう。外層部が潰れはじめれば、太陽内部の圧力と温度が上がり、原子核の反応速度も上がるため、圧力が高まって外層部を外側に押し戻す。そうして太陽が膨《ふく》らむと、今度は中心部の温度が下がり、原子核の反応速度も下がるから、圧力も下がり、外層部は内側に向かって少し潰れる。つまり、太陽内部で生じるエネルギーと太陽の重さとは、ちょうどうまく釣り合うことになるのである。

　たったこれだけのことでも数値的に扱うには複雑すぎるため、もう少し簡単化を行なわなければならない。そこで例によって、「太陽は球だ！」と仮定しよう。すなわち、太陽の中心部からどちらに向かって進んでも、密度は同じように変化すると仮定する

（＊）訳注　南北戦争中、北軍のファラガット提督がモービル・ベイの海戦で下した命令。

（太陽内にどのような球面を考えても、その球殻《きゅうかく》上では、密度、圧力、温度がすべて等しいものとする）。次に、太陽中心部の強い磁場など、取り扱いを複雑にするようなものはいっさい存在しないと仮定する。

流体静力学的平衡の仮定とは異なり、これらの仮定に物理的な根拠はない。なにしろ観測からわかっているように、太陽は自転をしているし、太陽表面にはさまざまな変化もあるからだ。そして太陽黒点を見れば、表面の状況は時間とともに変化していることもわかる（太陽表面の活動は十一年周期で変化している）。しかしここでは、こうした複雑なことはいっさい無視する。その理由のひとつは、さもなくば取り扱いが（少なくとも出発点としては）非常に難しくなるからだが、もうひとつの理由は、太陽の自転速度はそれほど大きくなく、また表面の出来事は中心部の状態とはあまり関係がないため、無視しても近似が悪くなることはないからである。

さて、この太陽モデルはどれくらいうまくいくのだろうか？　実は、思った以上にうまくいくのである。このモデルを使えば、太陽の大きさ、表面温度、輝度《きど》、年齢を、きわめて高い精度で再現することができる。さらに驚いたことに、地震ならぬ「陽震」までも再現できるのだ。

ワイングラスの縁《ふち》を指でこすれば震えて音波が出るように、あるいは地球で地震が起これればP波やS波が出るように、太陽もまた内部の出来事のために固有の振動数で震える。この震えによって、太陽表面にさまざまな活動が引き起こされ、それらは地球からでも観察できる。その活動の周期から、太陽の内部についてたくさんの情報が得られている。ちょうど、油田を探すために地球の組成《そせい》を調べるときに、地震波が利用されるのと同じことである。「標準太陽モデル」というモデルを使えば（そのモデルには、ここで述べた近似がすべて使われている）、観測される太陽表面の振動数スペクトルをほぼ正確に予測することができる。

こうしてみると、太陽はただの球と考えてよさそうである――われわれの近似は、かなりいい線を行っているわけだ。しかし問題がひとつある。太陽の内部で進行している核反応は、多量の熱と光のほかにもいろいろなものを生み出す。なかでもとくに重要なのは、「ニュートリノ」という奇妙な素粒子である。ニュートリノは、普通の物質を構成している粒子とは、あるひとつの重要な点で異なっている――この粒子は、普通の物質とは非常に弱くしか相互作用をしないのである。そのため、たいていはその存在に気づかれないまま地球でさえ通り抜けてしまう。あなたがこの文章を読んでいる今現在も、燃えたつ太陽の炉から飛び出してきた一兆個ほどものニュートリノが、あなたの体を流れるように通り抜けているのである（これには昼も夜もない。なぜなら、太陽から飛んできたニュートリノは夜でも地球を通り抜け、足元からあなたの体を突き抜けるからだ）。ニュートリノは、一九三〇年代にはじめて存在を示唆《しさ》されて以来、この世界を極《ごく》微《び》のスケールで理解するために大きな役割を果たしてきた。ところが太陽からやってくるニュートリノは、ただ混乱を引き起こすばかりだったのだ。

観測できる太陽の特徴を、これだけうまく予測できるモデルならば、ある時刻に地球表面にぶつかってくるニュートリノのエネルギー分布ぐらいは予測できるはずである。地球さえもすり抜けてしまうような捉《とら》えどころのない粒子など、検出できるわけがないと思われるかもしれないが、すばらしい独創性と忍耐力、そしてハイテク技術のおかげで、ニュートリノを検出するための大規模な地下実験施設が作られてきた。もっとも初期に作られたのは、サウスダコタにある坑道の奥深く、ドライクリーニングに使用される液体を四十万リットルもたたえた巨大な水槽だった。予想によれば、その液体中では、太陽から飛んでくるニュートリノとたまたま相互作用した塩素原子が、毎日一個ずつアルゴン原子に転換されるはずだった。この実験施設が完成してから二十五年を経て、太陽から飛んでくる高エネルギー・ニュートリノに関する二つの実験結果が報告された。ところが、どちらの実験でも、検出されたニュートリノの量は、予想された値の二分の一から四分の一ほどしかなかったのだ。

読者はこれを聞いて、「だからどうした?」と思われるかもしれない。それぐらい近い値を予測できれば大成功だと思う人もいるだろう――なにしろこの予測は、太陽の炉に関するさっきの粗《あら》い近似を使って得たものなのだから。実際、物理学者の多くは、近似のなかに不適切なものがあったのだろうと考えている。しかしまたほかの人たち――とりわけ標準太陽モデルを作るのにかかわった研究者たち――は、このモデルが他の観測結果とは非常によく合っていることからみて、ニュートリノの実験結果のほうがおかしいのではないかと考えた。

このような論争を解決する唯一の方法は、この太陽モデルを使って予測できる性質のうち、近似にあまり左右されないものを実験で調べてみることだ。そんな実験が、今これを書いている時点で二つ進行中である。太陽のエネルギー源である核反応が起こっていれば（起こっていることは、現に太陽が輝いていることからわかる）、それ相当の低エネルギー・ニュートリノも生まれているはずである。進行中の実験では、その低エネルギー・ニュートリノを精密に測定することになっている。もしもこの新しい実験で、低エネルギー・ニュートリノもやはり足りないことが明らかになれば、ニュートリノが地球にやって来る途中で何かが起こっていることになる。つまり、太陽内部に関するモデルが悪かったのではなく、責任はすべてニュートリノにあったことになるのだ。そうしたニュートリノの性質について何か新しいことがわかれば、素粒子物理学という分野全体にとって重要な知見《ちけん》となるだろう。しかし残念ながら、決定的な結果はまだ得られていない。長らく懸案《けんあん》だったこの問題を解決するには、もっと大きくて感度のよい新世代検出器の登場を待たなければならないのかもしれない。

　さて、「太陽は球だ」という仮定をさらに押し進めれば、さまざまな角度から宇宙を探ることができる。太陽だけでなく、もっと大きい星やもっと小さい星、若い星や年とった星のこともわかってくるのだ。とくに、流体静力学的平衡というもっとも簡単な仮定を使うことで、星がどんな一生を送るのかもおおよそわかるはずである。たとえば、星間ガスが収縮して星の形成がはじまると、ガスの温度はどんどん高くなり、いずれは星の内部で核反応がはじまる。星が小さければ、核反応がはじまる以前のおだやかな熱でも、質量を支えるだけの圧力を生み出すことができる。その場合、核反応は永遠にはじまらず、星に「明かり」が灯《とも》ることはない。木星はそんな星のひとつである。

　もっと大きいガスの塊《かたまり》では、収縮がつづいてついには核の火が灯る。そして核反応から生まれた熱が収縮を食い止め、系《けい》を安定させる。しかしいずれは核反応の燃料である水素が尽きてくる。すると、星の内部でゆっくりと崩壊がはじまる。この崩壊によって星の中心部の温度が上がり、やがて、最初の核反応の生成物であるヘリウムが新たな燃料となって燃えはじめる。多くの星ではこのプロセスがさらに進み、ひとつ前の段階で生まれた元素が次の段階の燃料となり、やがて星の中心部はほとんど鉄ばかりになってこのプロセスは終わる（こうなった星は、「赤色巨星」や「青色巨星」などと呼ばれる。中心部が高温高密度になるにつれて外層部が大きく膨らみ、表面の色あいが変わるからである）。

中心部がほとんど鉄になると、このプロセスは停止せざるをえない。というのも、鉄は核燃料にならないからである。鉄の原子核では、構成要素である陽子と中性子がとても強く結びついているため、核融合を起こしてもっと大きな系の一部になっても、それ以上エネルギーを放出することはできないからだ。

燃料がなくなったとき、星はどうなるのだろう？　星の身に起こることは、次の二つのどちらかである。あまり質量の大きくない星は、マッチの燃えかすのようにゆっくりと冷えて死んでゆく。しかし質量の大きな星は、星の爆発という、宇宙でもっとも驚くべき出来事を経験するのである。

星の爆発は「超新星」と呼ばれ（「超新星爆発」とも言われる）、花火のようにはかないが、その明るさは一千億個以上の星が集まった銀河と同じほどになる。この爆発で放出されるエネルギーは、数字を聞いてもピンとこないぐらい莫大である。爆発がはじまるほんの数秒前まで、星は残り少ない燃料を静かに燃やしている。しかしやがて、鉄でできたおそろしく高密度の中心部を支えるだけの圧力を生み出すことができなくなる――鉄の中心核の密度は、太陽ほどの質量が、地球ほどの大きさ（百万分の一の大きさ）に圧縮されたものに相当する。そしてわずか一秒足らずのあいだに、全質量は内側に向かって潰れ、そのとき途方もない量のエネルギーが放出される。この崩壊は、中心部のサイズが半径十キロメートルほどの球になるまでつづく。

こうして潰れた物質はとてつもなく高密度で、スプーン一杯ぶんで千トンもの重さになる。さらに重要なのは、密度がきわめて高いために、鉄の原子核どうしが互いにくっつきあうほど接近することだ。このとき、物質は急にこわばったようになり、圧縮された原子核どうしの相互作用によるまったく新しい圧力源が重要になってくる。この圧力のために崩壊は急停止し、その反動で中心部は外向きに跳ね返される。こうして生じる衝撃波は外向きに伝わり、数千キロメートルも離れた星の外層部に届く。外層部は吹き飛ばされ、われわれはそれを超新星として観察するのである。

一九三九年にこんな途方もないシナリオをはじめて提案したのは、S・チャンドラセカールだった。それから数十年のあいだに、いくつもの研究チームが精密な分析と数値解析を行ない、星の中心部が崩壊するプロセスをしだいに明らかにしてきた。この進展はすべて、「流体静力学的平衡」という簡単なアイディアの産物である。そしてその簡単なアイディアは、もとはと言えば、われわれの太陽の構造を調べるために考え出されたものなのだ。しかしながら、星の崩壊を支配するこのプロセスは、提案されてから五十年以上ものあいだ、あくまでも理論上の推測でしかなかった。なにしろわれわれの銀河系内で最後に超新星が観測されたのは四百年以上も前のことだったし、そのときも、肝腎《かんじん》の反応が起こっている星の深部からは遠く離れた、ほんの外側の花火が見えたにすぎなかったのだ。

しかし、一九八七年二月二十三日、この状況は一変した。この日、われわれの銀河系からおよそ十五万光年離れたところにある衛星銀河、大マゼラン星雲に超新星が観測されたのである。この超新星は、過去四百年間に観測されたなかでいちばん近いものだった。そしてこのとき、超新星の目に見える部分などは氷山の一角にすぎないことが明らかになったのだ。目に見える光の千倍以上ものエネルギーが、「ほとんど」目に見えないニュートリノとして放射されていたのである。ここで「ほとんど」と言ったのは、超新星の爆発で放出されるニュートリノのほとんどすべては地球ほどの大きさの検出器をもすり抜けてしまうが、ごくまれに、もっと小さな検出器にでもひっかかるものがあるからだ。実際、遠く離れた超新星から飛んできた「ニュートリノ・バースト」が地球を通り過ぎた瞬間、たまたま目をつむっていた百万人のうち一人ぐらいは、目の中の原子にニュートリノがぶつかって出た光を見たかもしれない。

しかしありがたいことに、そんな目撃証言をあてにする必要はなかった。地球の反対側で地中深くに置かれた二つの大きな検出器（日本の神岡鉱山に置かれたカミオカンデと、アメリカのエリー湖畔地下に置かれたＩＢＭ検出器）が、それぞれ千トン以上もの水をたたえて、われわれの目の代わりをしてくれていたからである。それぞれの水槽には光検出器がたくさん取り付けられ、暗闇の中で待機していた。そして一九八七年二月二十三日、十秒ほどのあいだに全部で十九個のニュートリノが検出にかかったのだ。十九個は少ないように思われるかもしれないが、この値は、銀河系の向こうの端で超新星爆発が起こった場合に予想される数とほぼ一致している。そればかりか、ニュートリノが到着した時刻やエネルギーも、予想とぴたりと一致したのである。

これを思うとき、私は今も驚嘆せずにはいられない。このニュートリノたちは、星の表面からではなく、潰れていく高密度の中心部から直接飛び出して、崩壊の貴重な数秒間に関する情報をわれわれに与えてくれたのだ。そしてまたこのニュートリノたちは、星の崩壊に関する理論と全面的に合致することを教えてくれた――その理論は、三十年以上もデータがないまま、太陽の構造を説明するために開発された「流体静力学的平衡」の物理学を、適用限界を超えてとことん突き詰めることによって作られた理論だった。簡単なモデルへの信頼が、自然界でもっとも奇異なプロセスを理解するための道しるべになったのである。

こうなると、太陽のモデルを作ったときに用いた近似は適切だったのだと言ってもよさそうだ。太陽ニュートリノ問題は、実はニュートリノの問題であって、太陽の問題ではなかったのだと。しかし、謎はまだいくつか残されている。星の構造理論をそのままあてはめれば、太陽（年齢約五十億年）ばかりでなく、この銀河系にあるいちばん古い星の年齢を予測することもできる。銀河系のはずれのほうには、球状星団と呼ばれる星の集まりがある。その色や明るさなどの特徴が年齢とともにどう変化するかを理論的に予測したものと、実際に観測された星のようすとを比較したところ、球状星団のうちもっとも古いものの年齢は、百五十億年から二百億年であることが判明した。一方、宇宙の年齢を知るためには、観測される宇宙が膨張していて、その膨張速度はだんだん小さくなっているという事実が利用できる（これについては後の章でくわしく説明する）。つまり、観測される今日《こんにち》の宇宙の膨張速度が小さければ小さいほど、宇宙は年を取っていることになるのだ。

膨張速度の観測がはじまってから六十年ほど経《た》つが、これまでに測定された値には二倍ほどの幅がある。そして、いちばん楽観的な値を採用したとしても、宇宙の年齢はせいぜい長くて百四十億年にしかならないのである。宇宙の一部であるはずの銀河系が、宇宙よりも古いという困ったことになってしまうのだ。何かがおかしいのは明らかである――星の構造理論で用いた近似が悪いのか、ビッグバン宇宙論がものごとを簡単化しすぎているのか、あるいは星の年齢を推測するための基礎となっている観測値に問題があるのか。いずれにせよ、これは今後さらに追求していかなければならない問題である。

◇

近似をしなければ、われわれはほとんど何もできない。近似をすることで、われわれは検証可能な予測を立てることができる。そして予測が間違っていれば、別の近似のしかたに目を向ける。これまで宇宙に関してわかったことはほとんどすべて、このプロセスのなかで明らかになってきたのである。十九世紀の理論物理学者のなかでも、もっとも有名かつ大きな業績を残したジェイムズ・クラーク・マックスウェルはこう述べた。「理論の真価は、どんな実験をすればいいかを教えてくれること、そして真の理論が現れたときには、その進展を妨《さまた》げないことである」

物理学者たちは、健全な直感にもとづいて世界を簡単化することもある。しかしたいていの場合、簡単化するのはほかにやりようがないからだ。物理学者が好んで口にする有名なクイズがある。「暗い夜道を歩いていて、車の鍵がポケットにないと気づいたとき、あなたならまずどこを捜しますか?」答はもちろん、「近くの街灯の下」である。そこで鍵をなくしたはずだと思うからではなく、見つかりそうな場所はそこしかないからだ。そんなわけで、たいていの物理学者は、「明かりのあるところを探せ」という方針を採《と》っている。

自然は毎度のように優しくしてくれたので、やがて物理学者たちはそれをあてにするようになった。新しい問題が出れば、まずはしっかりと確立された手法を使ってみる。その手法が適切かどうかはわからないが、当面はそれしかやりようがないからだ。そして運が良ければ、粗い近似を使っていても物理の本質を捉えることができる。物理学の世界には、「明かりのあるところを探せ」という方針で、まさかと思うほどうまくいった例がたくさんある。第二次世界大戦直後に起こった一連のドラマティックな出来事も、そんな例のひとつだ。それは物理学新時代の幕開けを告げる出来事でもあった。宇宙を探るときに、スケールをどんどん大きく、または小さくしていくとき、物理理論が徐々に進化していく過程について今日われわれがもっている考えかたは、このとき得られた成果である。その考えかたについて一般向けの本に書いてあるのを見たことはないが、それは現代物理学の進めかたの基本となっているものだ。

戦争が終わり、長らく戦時研究をやっていた物理学者たちは、ふたたび基礎研究に戻ろうとしていた。二十世紀物理学の二大革命である相対性理論と量子力学は、すでに完成されていた（これについては後の章で詳しく述べる）。ところがこれら二つの理論を調停しようとしたとき、新たな問題が持ち上がったのである。

量子力学の基礎となっていることがらに、「小さなスケールでは、物質の相互作用にかかわるすべての量を同時に測定することはできない」というものがある。たとえば、粒子の位置と速度(*)を同時に厳密に決定することは、どれほど優れた装置を使ったとしてもできない。また、測定がある有限な時間に限られているなら、粒子のエネルギーを厳密に決定することはできない。一方、相対性理論では、位置、速度、時間、エネルギー

（*）訳注　本来は「速度」ではなく、「運動量」というのが正しい。

の測定は、新しい関係（それは速度が光速に近づくにつれて、いっそう明白になるような関係だ）によって根本的に結びついていなければならない。原子の奥深くに存在する粒子は、非常に速く運動しているため、相対性理論の効果が現れてくる。そしてそれと同時に、原子のスケールは非常に小さいため、量子力学の効果も現れてくる。そこでこの二つの理論をいっしょにしてみたところ、驚くべきことが予測されたのである。ある体積内のエネルギーを正確に測定できないほど短い時間では、その体積内で動きまわっている粒子の個数を特定することはできないというのだ。

一例として、テレビのブラウン管の奥から手前に向かって一個の電子が動いているとしよう（電子とは、陽子、中性子とともに普通の物質を構成している微小な荷電粒子である。金属中の電子は、電気力の作用によって自由に運動し、電流を生み出す。そんな電子がテレビの奥のほうにある発熱体の金属片から放出され、前面にあるスクリーンに衝突すると、われわれが目にするテレビ画像が生じる）。量子力学の法則によれば、任意のきわめて短い時間間隔では、電子の速度を測定しつつ、それと同時に電子の経路を厳密に特定することはできない。ここに相対性理論を持ち込むと、もしも今述べたことが正しいならば、その短い時間のなかで飛んでいる電子は一個だとは言えなくなるのである。もとの電子とは別の電子と、その反粒子である陽電子《ようでんし》（プラスの電荷をもつ電子）が、何もない空間からペアで姿を現し、ほんの一瞬もとの電子といっしょに飛んだのち、ペアはお互いに打ち消しあって消滅する。あとにはもとの電子だけが残される。何もないところからこれらふたつの粒子（電子と陽電子）を作り出すにはエネルギーが必要だが、ごく短い時間ならば、はじめの電子のエネルギーが厳密に測定できないため（量子力学の法則によればそうなる）、そのぐらいのエネルギーは都合がついてしまうのだ。

この話を聞いてはじめはショックを受けた人も、だんだん「針の先に止まった天使の数を数え(＊)」ているような気がしてくるかもしれない。しかし、電子と天使にはひとつ決定的な違いがある。電子-陽電子のペアは、跡形もなく消え去るのではなく、『不思議の国のアリス』に出てくるチェシャ猫と同じぐらいには痕跡を残していく。電子-陽電子ペアが存在するために、もとの電子の性質が微妙に変わってしまうのだ。

一九三〇年代ごろには、量子力学と相対性理論を合体させれば、この種の現象が起こることは（陽電子をはじめとする反粒子の存在とともに）受け入れられていた。だが、実際に物理量を計算する際、この現象をどう取り入れたらいいのかがわからなかったの

（＊）訳注　「一本の針の先にいくたりの天使がとまることができるか」という問題は、中世スコラ学者たちがいかに無用で煩瑣な議論にふけったかを示す例とされる。しかし実際には、近代になって、スコラ学を茶化すために作られた話。

だ。やっかいなことに、考慮するスケールをどんどん小さくしていくと、同じようなことが際限なく起こりそうだった。たとえば、もっと短い時間について考えれば、はじめの電子のエネルギーはますます不確かになり、一瞬のうちに一組どころか二組の電子－陽電子ペアが出現できるようになる。次々に短い時間について考えていくと、四組、五組とペアは増えていく。そして、それらのペアの効果をすべてきちんと考慮しようとすると、電子の電荷などの物理量が無限大になってしまうのだ。もちろん、無限大の物理量など到底《とうてい》受け入れられない。

このような状況のなか、一九四七年四月、ニューヨーク州ロングアイランド島の東にあるシェルター島の小さなホテルで物理学の会議が開かれた。出席したのは、物質の構造に関する基礎研究に取り組んでいる理論家や実験家たちだった。参加者のなかには長老格の大物もいれば、わんぱく小僧のような若者もいた。その多くは戦争中に原子爆弾の開発に従事しており、長い戦時研究のあとで純粋な物理学の研究に戻るのはそれほど容易なことではなかった。そんなわけで、シェルター島会議の目的のひとつは、物理学が直面しているもっとも重要な問題は何かを明らかにすることだった。

この会議では幸先《さいさき》のよい出来事があった。参加者を乗せたバスがロングアイランド島西部のナッソー郡に入ると、そこには州警察の白バイ部隊が待っていた。驚いたことにこの白バイ部隊は、サイレンを鳴らしながら、ナッソー郡とサフォーク郡を横切って目的地に着くまでバスを護衛してくれたのだ。のちにわかったことだが、護衛してくれたのは太平洋戦線に派兵された人たちで、原子爆弾を開発したこの科学者たちに命を救われたと感じ、その感謝の気持ちを表わしたのである。

会議前の興奮にふさわしく、会議の初日には早くもセンセーショナルな展開があった。原子物理学の実験をやっていたウィリス・ラムが、レーダーの軍事利用のためにコロンビア大学で開発されたマイクロ波技術を使った重要な研究結果を発表したのである。量子力学を使えば、原子の外側をまわる電子の特徴的なエネルギーを計算することができる（これは量子力学初期の大きな成果だった）。ところがラムの得た結果によれば、原子内電子のエネルギー準位《じゅんい》は、量子力学（このときはまだ相対性理論が組み込まれていなかった）で計算したものから少しだけずれて（シフトして）いたのだ。この事実は「ラム・シフト」の名で呼ばれるようになった。ラムの報告につづき、優れた実験物理学者のI・I・ラビが、自身の論文およびクッシュの論文について報告し、同様のずれが水素やほかの原子でも観測されることを示した。ラム、ラビ、クッシュの三人は、のちにノーベル賞を受賞することになる。

こうして難問が生まれた。この「ずれ」をどう説明すればいいのか？　つかのま存在するらしい無数の「仮想」電子‐陽電子ペアを、計算に取り込むにはどうすればいいのだろう（限られた時間だけ存在するこのような粒子を「仮想粒子」という）？　相対性理論と量子力学の合体からこんな問題が出てきたのだから、解決策もやはりそこから出てきそうだったが、それはあくまでも推測にすぎなかった。相対性理論のせいで計算が非常にめんどうになるため、そのときはまだ誰も、矛盾のない首尾一貫した計算方法を見出してはいなかったからだ。

この会議には、当時めきめき頭角《とうかく》を現しつつあったリチャード・ファインマンやジュリアン・シュウィンガーも出席していた。この二人と日本人物理学者の朝永振一郎とは、それぞれ別々に、量子力学と相対性理論を合体させた計算の枠組みの開発に取り組んでいた（その枠組みは、のちに「場の量子論」と呼ばれることになる）。この三人が期待していたのは――その期待はのちに正しいことが証明されるのだが――開発中の計算方法を使えば、理論を苦しめている「仮想」電子‐陽電子ペアの効果を、完全には取り除けないまでも、安全に分離できるのではないか、そして相対性理論とも矛盾しない結果が得られるのではないかということだった。

事実、その仕事が完成するころには、彼らは素過程《そかてい》（基本的な相互作用のプロセス）に関する新しい考えかたを打ち立てていた。そして、電磁気学には量子力学と相対性理論を矛盾なく取り込めること、さらにはその結果、物理学のなかでもっともできのよい理論構造ができあがることを示したのだった。この偉大な仕事に対し、三人はおよそ二十年後にノーベル賞を共同受賞することになる。しかしシェルター島会議のときには、その理論体系はまだ存在しなかった。原子内の電子と、その電子自身の生み出す場や力によって、真空からポコポコと飛び出してくる無数の「仮想」粒子との相互作用など、どう扱ったらいいのか見当もつかなかったのだ。

会議の出席者のひとりに、すでに高名な理論家であり、原子爆弾のプロジェクトでも指導的立場にあったハンス・ベーテがいた（ベーテは、星のエネルギー源が核反応であることを明らかにした初期の研究に対し、のちにノーベル賞を受賞することになる）。実験家と理論家の双方から聞いた話に大いに触発されたベーテは、コーネル大学に戻って、ラムの観測した効果について計算してみることにした。

会議が終わってからわずか五日後、ベーテは一篇の論文を書きあげ、「ラム・シフト」の観測値にみごとに一致する計算結果を発表した。それまでにもベーテは、黒板上であろうが紙の上であろうが、複雑な計算をまったく間違わずに手計算でやってのけるというすばらしい才能の持ち主として有名だった。とはいえ、ラム・シフトについてベーテが行なった計算は、量子力学と相対性理論とのゆるぎない根本原理に立脚した完璧な計算、と言えるようなものではなかった。むしろベーテの関心は、自分のアイディアが正しい方向を向いているかどうかを確かめることにあったのだ。その当時はまだ、相対性理論を取り込んだ量子力学を扱えるだけの道具がそろっていなかったので、ベーテはとりあえず手元にある道具を使うことにした。

彼はこう考えた。電子の相対論的運動を矛盾なく扱うのが無理なら、とりあえず一九二〇年代から三〇年代にかけて作られた標準的量子力学による電子の運動方程式を用い、そこに相対論的現象（たとえば「仮想」電子‐陽電子ペアなど）をはめ込んだ「ハイブリッド」計算をやってみるのがいいだろう。

だが、電子‐陽電子の仮想粒子ペアの影響は、ベーテの手にさえ余《あま》ることがわかった。ではどうすればいいだろう？　ベーテは会議で聞いてきたアイディアにもとづき、二通りの計算をやってみた。ひとつは水素原子内の電子について、そしてもうひとつは原子から離れた自由電子についてである。どちらの場合も、仮想粒子のペアが出てくるせいで、結果は数学的に手に負えないものだった。そこでベーテは、この二つの結果を引き算してみた。引き算して得られた差ならば、数学的におとなしい（無限大が出てこない）だろうと期待したのだ（この差は、原子から離れた自由電子のエネルギーに対し、原子内電子のエネルギー準位がどれだけ「ずれ」るかに相当したもので、まさにラムによって観測された効果を表わしている）。

あいにく、そうは問屋がおろさなかった。そこでベーテはこう考えた。こんな手に負えない答は物理的でないに決まっているから、物理的「直観」に従って簡単にするしかない、と。ベーテの直観とは次のようなものだった。相対性理論によれば、電子‐陽電子の仮想粒子ペアが存在するために風変わりな新しいプロセスが起こり、それが原子内電子の状態に影響を及ぼす。しかし、電子－陽電子の仮想粒子ペアがたくさん現れて、その全エネルギーが電子そのものの静止質量に相当するエネルギーよりもずっと大きくなるようなプロセスに関しては、相対論的影響もそれほど大きいわけがない。

ここで注意しておくべきは、量子力学によれば、高エネルギーの仮想粒子ペアがたくさん現れるようなプロセスはたしかに起こりうること、しかしそんなプロセスはごく短い時間しか続かないことだ。なぜなら、系の全エネルギーの不確定性がそれほど大きくなるのは、ごく短い時間だけだからである。もしも相対性理論を取り込んだ理論が妥当なものなら、非常に短い時間しか効かないそんな風変わりなプロセスの効果は無視できるはずである。ベーテはそう論じて、そんなプロセスは無視してしまえと言ったのだ。

かくしてベーテの最終的な計算には、電子の静止質量エネルギーよりも小さな全エネルギーをもつ仮想ペアのプロセスだけが含まれることになった。得られた結果は数学的におとなしいものとなり、しかも観測結果とよく一致した。その当時、ベーテの手法を正当化する理由は何もなかった。ただ、そうやればとりあえず計算できること、そうして得られた結果は「相対性理論を組み込んだ妥当な理論はかくあるべし」というベーテの考えどおりの結果になったことだけが、正当化といえば正当化だったのである。

のちに、ファインマン、シュウィンガー、朝永の仕事によって、ベーテの方法の不整合が解決された。この三人が示したのは、量子力学と相対性理論をすべての段階できちんと取り込んだ完全な理論によれば、高エネルギーの仮想粒子‐反粒子ペアが原子内の測定可能な量に及ぼす影響は、ほとんどゼロになるぐらい小さいということだった。そして仮想粒子を取り込んで得られた最終結果は、数学的におとなしいものになった。

今日では、理論による計算結果はラム・シフトの測定値ときわめてよく一致し、物理学における理論と実験の一致のなかでも最高水準のものとなっている。しかしベーテが初期に行なったハイブリッド近似は、彼の評判を改めて裏づけるものだった。あのときのベーテは――そして今の彼も――「物理学者のなかの物理学者」だということだ。ベーテは、とりあえず使える道具を使って、あざやかに結果をつかみ取った。彼は球形牛の精神にのっとり、量子力学のなかの仮想粒子にからむゴタゴタを無視したのである。その大胆さが、われわれを現代的物理学研究の戸口まで導いてくれた。今日このやりかたは、素粒子物理学の手法の中核になっているので、本書の最終章でふたたび取りあげるつもりである。

◇

本章では、牛から太陽ニュートリノまで、そして爆発する星からシェルター島までをひとわたり見てきた。これらをつなぐ糸は、物理学のすべての分野を結びつける糸でもある。表面的には、この世界は複雑だ。しかしその表面の下には、何か簡単な法則があるらしい。物理学のゴールのひとつは、そんな法則を見出すことである。ゴールを目指すつもりなら、悪びれずにいいとこ取りをするほかない。必要とあれば牛を球とみなし、複雑な機械をブラックボックスに入れ、無数の仮想粒子を捨てるのだ。すべてをいっぺんに理解しようとすれば、結局は何もわからなくなってしまうのが落ちなのだから。われわれにできることは、インスピレーションがわくのを期待して待つか、さもなければとりあえず使える手法で問題に取り組み、物理学上の新しい洞察をつかみ取るかのいずれかなのだ。

第2章　数の技法

数学に対する物理学の関係は、マスターベーションに対するセックスの関係に等しい。

——リチャード・ファインマン

人間の発明品である言語は、心を映し出す鏡である。優れた小説や戯曲や詩は、言語を介《かい》して人間とは何かを教えてくれる。それに対して、数学は自然の言語であり、それゆえ物理的世界を映し出す鏡となる。数学は厳密で無駄がなく、しかも多様で、岩のように堅固だ。このような性質をもつおかげで、数学は自然のしくみを記述するには理想的な言語になってくれる。しかしまさにその同じ性質のために、人情の機微《きび》などを描き出すには適さないようにみえるのだ。かくして、「二つの文化（文系と理系）」のジレンマが生じる。

好むと好まざるとにかかわらず、数は物理学の中核である。物理学者がやることはすべて――物理的世界をどう捉《とら》えるかということまで含めて――数に対する考えかたに影響されている。しかしありがたいことに、物理学者が数をどう考えるかは、その数で表わされる量が、物理的世界のなかにどのように現れるかによって完全に決まっている。このため物理学者は、数に対する考えかたが、数学者とはまるで違うのである。

物理学者が数を使うのは、物理学的直観を拡張するためであって、それを回避するためではない。一方、数学者は理想化された構造を扱い、そんな構造が自然界のどこかに存在するのか、あるいは存在しないのかなどはあまり気にしない。数学者にとっては、数そのものにリアリティーがあるのだ。しかし物理学者にとっては、単なる数には意味がない場合が多い。

物理学における数は、物理量の測定と結びついているために、たくさんのお荷物を背負い込んでいる。旅人なら誰でも知っているように、荷物には良い面と悪い面とがある。荷物をまとめたり、持ち運んだりするのは面倒だが、荷物のおかげで貴重品を手近に置いておけるし、目的地での暮らしにも便利だ。荷物に縛られることもあるけれど、荷物のおかげで得られる自由もある。それと同じく、数それ自体や、数と数との数学的関係には、世界の描きかたを規定してしまうという不自由な面もある。しかし数が物理学に持ち込む荷物は、世界像を簡単化するうえでなくてはならないものなのだ。この荷物は、無視してよいものと、無視してはいけないものとをはっきりと区別することにより、われわれを自由にしてくれるのである。

もちろんこういう考えかたは、広く世間に流布《るふ》している意見とは真っ向から対立する。世間では、数や数式はものごとを難しくするばかりで、一般向けの科学書のなかでさえ極力避けるべきものとされているからだ。スティーヴン・ホーキングはその著書『ホーキング、宇宙を語る』のなかで、一般向けの本に数式をひとつ載《の》せるごとに、売れ行きは半減すると述べた。数や数式を使った説明と、言葉による説明のどちらがいいかと問われれば、たいていの人は後者を選ぶだろう。

しかし私の見るところ、よくある数学嫌いの大半は、社会学的な現象である。数学ができないことが、勲章のようになっているのだ――たとえば小切手帳の帳尻を合わせられない人は、その欠点ゆえに「人間らしく」みえたりする。だが、それよりいっそう根深いのは、人は子どものころから、言葉が何を表わしているかを考えるようには、数が何を表わしているかを考えなくなってしまうことだろう。何年か前、私はイェール大学（数量的思考能力はともかく、読み書き能力では評価の高い大学だ）の「科学専攻でない学生向け」コースで物理学を教えたことがある。そのとき仰天したのだが、学生の三十五パーセントは（その多くは歴史学やアメリカ研究を専門とする四年生だというのに）、アメリカ合衆国の人口を十パーセントの誤差の範囲内ですら言い当てられなかったのだ。学生たちの多くは、アメリカ合衆国の人口は百万から一千万ぐらいだと考えていたが、イェール大学の所在地であるコネティカット州ニューヘーヴンから二百キロと離れていないニューヨーク市の人口だってそれよりは多い。

はじめ私はこの状況を、アメリカの社会科カリキュラムにおける由々《ゆゆ》しき欠陥の現れだろうと思った。なんといっても、アメリカ合衆国の人口がたった百万だったなら、国全体のようすもまるで違っているはずだからである。しかしその後わかってきたのだが、学生たちにとっては、百万だの一億だのといった数は、なんら現実的な意味をもたなかったのだ。彼らは、百万ぐらいのもの（たとえばアメリカの中規模の都市の人口）と、百万という数とを結びつけて考えたことがなかったのである。

合衆国の東西の幅はおよそ何キロメートルあるかを答えられない人も多い。そういう人たちにとって、その距離は考えることさえできないほど大きな数なのだ。しかしちょっと合理的な推論を行なってみれば、おおよその見当はつく。たとえば、アメリカ横断ドライブをしたときのことを考えてみると、一日に無理なく走れる距離（およそ六百キロメートルぐらいか）と、国を横断するのにかかった日数（およそ五、六日）から、東西の距離は三千から三千六百キロメートルぐらいであり、何万キロメートルといった大きな数にはならないことがわかる。

数が何を表わしているかを考えれば、謎はたいてい解けるのだ。そしてそれは物理学者が得意とすることでもある。私はここで、数学的思考は誰にでも容易にできるとか、数学嫌いに魔法のように効《き》く薬がある、などと言いたいわけではない。だが、数の意味を理解したり、頭の中で数と遊んでみたりすることならば、そう難しくはない（それどころか楽しめることも多いし、物理学者の考えかたを知るためには必要不可欠だ）。たとえ自分で細かい数値まで調べあげることはできなくとも、「数はとても役に立つ」ことぐらいはわかるようになっておくべきだろう。

そこで本章では、スティーヴン・ホーキングの格言からやや外《はず》れたことをやってみよう（ホーキングは間違っていた！　とみなさんが証明してくれることを期待している）。そして、物理学者が数を使って考える方法を示し、なぜその方法を用いるのか、その過程で何を得ているのかを明らかにしたい。数を使う理由をひとことで言えば、「ものごとを必要以上に難しくしないため」なのである。

物理学では大から小までさまざまなスケールを扱うため、ごく簡単な問題にさえ、途方もなく大きな数やきわめて小さな数が出てくる。桁《けた》の大きな数を扱うときいちばん難しいのは、（八桁の掛け算をしたことがある人なら誰でも証言してくれるように）桁の数え落としをしないことである。あいにく、このいちばん間違いやすい点が、いちばん重要になることが多い。なぜなら、数の大きさを決めているのは桁数だからである。40

×40 の答として、160 と 2000 とではどちらがマシだろうか。どちらも正しくはないけれども、後者のほうが 1600 という正解にずっと近い。これがもし四十時間の労働に対する報酬だったとしたら、4×4＝16 の部分が合っていたところで、桁数を間違えたがために千四百ドル以上も損をしたのでは何の慰めにもなりはしない。

こんなミスを避けるために、物理学者は数を二つの部分に分ける方法を発明した。ひとつは「数の大きさ」を表わす部分、もうひとつは「数の正確な値」を表わす部分である。さらに、すべての桁を書き表わさなくとも、数の大きさを示せれば都合がいい。たとえば、目に見える宇宙のサイズはおよそ 1000000000000000000000000000 センチメートルだが、このように書き表わしたのでは、「大きい数だ」ということしかわかりはしない。

この二つの目標（数を二つの部分に分けることと、数の大きさを一目瞭然にすること）を達成してくれるのが、「科学的記数法」である（むしろ「賢明な記数法」と呼ぶべきだ）。この記数法では、1の後ろに0が n 個つづく数を、10^n と表記する。100 は、10^2 となる。10^6 は、1の後に0が六個つづいたものだから、百万を表わす。このように表記された数の大きさがピンとくるためには、10^6 は 10^5 よりもゼロがひとつ大きいから、十倍大きいと覚えておけばいい。小さい数に関しては（たとえば原子のサイズをセンチメートルで表わせば、およそ 0.000000001cm になる）、1を 10^n で割った数、つまり小

数点以下 n 番めの位置に1がくる数を、10^{-n} と表記する。十分の一は 10^{-1}、十億分の一は 10^{-9} である。

この記数法を使えば、ゼロをずらずらと書き連ねなくてもよくなるだけでなく、さきほど述べた二つの目標が達成される。というのも、すべての数は、1から10までの数と、1の後ろにゼロが n 個つづく数との積として表わされるからだ。たとえば100は 10^2、135は 1.35×10^2 となる。この記数法では、第二の部分（「べき乗数」と呼ばれる）を見れば、その数の桁数（オーダー）がすぐにわかる（一〇〇と一三五は、同じオーダーである）。そして第一の部分を見れば、三桁なら三桁のなかで具体的にどんな値をとるか（一〇〇なのか一三五なのか）が正確にわかる。

数に関してもっとも重要なことは、おそらくその大きさだろう。それゆえ1459620000000とか一兆四千五百九十六億二千万などと書く代わりに 1.45962×10^{12} と書けば、単に簡潔なだけでなく、十三桁の数であることが一目瞭然となる。それに加えて、少しあとで述べるように——読者はこれを聞いて驚かれるかもしれないが——物理的世界を表わす数は、科学的記数法で書かれたときにしか意味をなさないのである。

科学的記数法には、数の取り扱いがぐっと楽になるという直接的なメリットがある。$100\times100=10000$ になることは、桁数をきちんと数えればわかる。しかしこう書く代わりに、$10^2\times10^2=10^{(2+2)}=10^4$ とすれば、掛け算が足し算になってしまうのだ。同様に、

$1000 \div 100 = 10$ を $10^3 \div 10^2 = 10^{(3-2)} = 10^1$ とすれば、割り算は簡単な引き算になる。べき乗に関するこの規則を使えば、計算の途中で全体のスケールを見失わないようにするのは簡単なことである。電卓が必要になるのは、科学的記数法の第一の部分に関する掛け算や割り算をするときぐらいのものだろう。その場合でも、10×10 までの掛け算には慣れているから、結果はあらかじめほぼ予想できる。

しかし私の目標は、読者を計算の達人にすることではない。むしろここでの論点は、世界を簡単化することが世界を近似することであるならば、科学的記数法は、物理学のなかでも最強の道具のひとつを使用可能にしてくれるということだ。その道具とは、「桁数の概算」である。科学的記数法が教えてくれる方法で数について考えれば、それ以外の方法ではとりつく島もなかった問題に対しても、すぐに答を見積もれるようになる。また、未知の領域に踏み込むときには、正しい道を進んでいるかどうかがわかれば非常に有益だから、どんな物理の問題に対しても答を概算できることはとても役に立つ。それに加えて、概算ができれば恥をかかずにすむことも多いのだ。大学院博士課程の学生が、宇宙を記述する複雑な式を含む博士論文を提出したところ、口頭試問の場で、その式に現実的な数値を入れてみたらとんでもない結果が出てきた、などというのはよく聞く話である。

桁数の概算は、身近なところから世界への視野を拡げてくれる――これはいかにもエンリコ・フェルミ（一九〇一～一九五四）の言いそうなセリフである。フェルミは、実験にも理論にも精通していた最後の偉大な物理学者のひとりだった。彼は、アメリカが原子爆弾の開発に先立ち、原子炉を開発し、制御された核分裂が実現可能かどうかを探る秘密計画の責任者に選ばれた。彼はまた、核分裂を起こさせる相互作用についての理論をはじめて提案し、その業績に対してノーベル賞を授与されている。フェルミは若くしてガンで亡くなったが、おそらくその原因は、放射能の危険性が知られるようになる前に、大量の放射線を浴びたことだろう（ボストンのローガン空港に降り立ち、交通渋滞に巻き込まれながらボストン市内に入るトンネルをくぐる機会があれば、フェルミに捧げられた記念銘板《めいばん》を探してみるといい。その銘板は、トンネル入り口の料金所より少し手前にある陸橋の基部にある。われわれは大統領の名前にちなんで市に命名をし、スポーツ選手にちなんでスタジアムに命名をする。この銘板は、料金所手前の陸橋がフェルミにちなんで名づけられたことを教えてくれる）。

私がここでフェルミの話をはじめたのは、シカゴ大学のフットボール競技場の一隅に作られた実験室で、秘密計画に携《たずさ》わる物理学者の一チームを率いていた彼が、チームのメンバーたちにしばしばクイズを出していたからだ。そのクイズはいわゆる物理学の問題ではなかったが、フェルミは、「優れた物理学者はどんな問題にも答えられなければならない」と言うのだった。正解を出さなくてもいい、知っていることや信頼できる概算値をもとに、桁数を見積もるための方法を考え出してみろと。たとえば、学部生にはよくこんな問題を出した。「シカゴにピアノの調律師は何人いるだろうか？」

フェルミが期待した解答は次のようなものだろう。まず、シカゴの人口を見積もる。五百万人くらいだろうか？　一世帯あたりの家族数は平均何人か？　四人くらいだろう。すると、シカゴにはおよそ百万（10^6）世帯あることになる。そのうちピアノをもっている世帯数はどれぐらいだろう？　十世帯あたり一台くらいだろうか？　すると、シカゴにはピアノが十万台ほどある計算になる。さて、ピアノの調律師が一年間に調律するピアノの台数を見積もろう。それで生計を立てるためには、最低でも一日に二台で週に五日、つまり週に十台は調律する必要があるだろう。年にざっと五十週働くとすると、調律するピアノの数は五百台になる。各ピアノが平均して年に一回調律されるとすると、年に十万回の調律が必要になるから、各調律師が年に五百回調律するのであれば、必要な調律師の数は $100000 \div 500 = 200$（$100000/500 = 1/5 \times 10^5/10^2 = 1/5 \times 10^3 = 0.2 \times 10^3 = 2 \times 10^2$ となる）人である。

重要なのは、シカゴにはピアノ調律師がきっかり二百人いるかどうかではない。簡単に得られたこの概算値のおかげで、ピアノ調律師が百人以下か、あるいは千人以上だとわかったら、びっくりできることが重要なのだ（実際には、シカゴには六百人ほどの調律師がいるはずである）。概算してみるまでは答の見当すらつかなかったことを思えば、この方法の威力は明らかだろう。

桁数を概算することができれば、以前は想像すらできなかったことに対しても、新たな洞察が得られる。海岸の砂粒の数は星の数より多いだろうか？　一秒当たり、地球上で何人の人がくしゃみをしているだろう？　エベレスト山が風と水に浸食されて消えてしまうまで何年かかるだろう？　あなたがこの文を読むあいだに、世界中で何人の人が××をしているだろうか？（各自好きな言葉を入れてみよう）

それと同じぐらい重要なのは、当然知っているはずのことがらに対しても新たな洞察が得られることだ。人間は、六から十二くらいまでの数ならば視覚的に捉えることができる。たとえば、振ったサイコロの六の目を見れば、いちいち数えなくともそれは六だとわかる。部分の和としてではなく、全体を全体のまま捉えることができるのだ。しかし、二十の面をもつサイコロがあったとすると、二十個の点を一見して把握することはできそうにない。たとえ点が規則的に配置されていたとしても、「五個ずつの点が四グループある」などとグループ分けして考えなければ、合計を知るのは難しい。だが、二十という数によって「表わされているもの」が、直観的にわかりにくいわけではない。たとえば、手足の指の数や、家を出て自分の車に乗り込むまでの秒数など、二十という数で表わされるものは身のまわりにたくさんある。

しかし、途方もなく大きい数やきわめて小さい数の場合には、その数に意味を与えて

「それは何桁の数か」がわかるだけで儲けもの。

くれるような概算をことさらにやってみるしかない。百万という数は、あなたの町の人口かもしれないし、約十日間を秒で表わした数と考えてもいいだろう。十億は、中国の人口に近く、約三十二年間を秒で表わした数でもある。こんな概算をやればやるほど、その数は直観的に捉えやすくなる。しかもこういう作業はけっこう楽しいのだ。あなたにとって興味のあること、楽しいことを概算してみよう。一生のうち、自分の名前が呼ばれるのを何回聞くだろうか? 十年間に口にする食べ物は何キログラムになるだろう? 正確な答を得ることなど思いもよらない難問を、一歩一歩解いていくのはとても楽しくて、一度やったら病《や》みつきになる。物理学者が研究をしていて味わう楽しみのほとんどは、この種の快感なのだと私は思っている。

科学的記数法と桁数を概算することの威力は、物理学者にとってはいっそう直接的な威力がある。第1章では、概念上の簡単化について述べたが、それができるのも科学的記数法と桁数の概算のおかげなのだ。ものごとの大きさが概算できれば、知る必要のあることはたいていわかってしまう。もちろん、二やπといった因子をきちんと考慮することも重要だ。そのような因子をきちんと取り入れることにより、予測と実測値とを高い精度で比較できるからである――その比較が、自分たちの理解が適正であるかどうかの厳しいテストになる。

さきほどの奇妙な意見、すなわち「物理的世界を表わす数は、科学的記数法で書かれたときにしか意味をなさない」という意見は、ここから出てくるのである。というのは、一般的に、物理学における数は測定できるものを指しているからだ。

地球と太陽の距離を測ったとすると、その結果は149600000000センチメートルとも、1.4960×10^{13}センチメートルとも書くことができる。二つの表記のどちらを選ぶかは、基本的には数学上の意味論にすぎないように思えるかもしれないし、事実、数学者にとっては同じ数に対する二通りの表記でしかない。ところが物理学者にとっては、一番めの数は二番めの数と大きく異なるものを意味するばかりか、ひどく疑わしい値なのだ。というのも一番めの数は、地球と太陽の距離が149600000000 cmであって149597905562739 cmではなく、149600000000001cmですらないと述べているからである。われわれは地球と太陽との距離を、最後の一センチメートルまで知っていることになってしまうのだ！

しかし、そんな馬鹿げたことはありえない。コロラド州アスペン（山地標準時正午）から太陽までの距離と、コネティカット州ニューヘーヴン（東部標準時正午）から太陽までの距離でさえ、およそ250000センチメートル（つまりアスペンとニューヘーヴンの標高差）ほども違うのだから。したがって、さきほどの距離が意味をもつためには、地球上のどの地点で測定した値であるかを明らかにしなければならない。さらに言えば、それが地球の中心から太陽の中心までの距離だとしても（それが妥当な選択だろう）、地球から太陽までの距離はもちろんのこと、地球と太陽の大きさ自体が一センチメートルの精度で測定できなければならない（実際に地球から太陽までの距離を測る物理的な方法をひとつでも考えてみれば、そんな高い精度はとうてい達成できないことが納得できるだろう）。

つまり14960000000000cmという数は、適当なところでまるめて（四捨五入して）あるのだ。では、この数はどれほどの精度でわかっているのだろうか？ 1.4960×10^{13}cmと表記すれば、そういうあいまいさはなくなる。この表記は、われわれがこの値をどこまで知っているかを厳密に教えてくれる。具体的には、実際の値は、1.49595×10^{13}cmと1.49605×10^{13}cmのあいだにある。もしこれより十倍高い精度で距離がわかっているなら、1.49600×10^{13}と書けばよい。

このように、1.4960×10^{13}cmと14960000000000cmとはまったく別のものなのだ。実際、最初の数に含まれるあいまいさは、0.0001×10^{13}cm（十億センチメートル）となり、地球の半径よりも大きいのである。

ここから興味深い疑問がわいてくる。いったいこの数は正確だと言えるのだろうか？ 十億センチメートルというあいまいさは非常に大きいように思えるかもしれない。しかし地球‐太陽間の距離とくらべれば、これは小さい数なのである。厳密には、地球‐太陽間距離の一万分の一以下という小ささだ。つまりわれわれは地球‐太陽間の距離を、一万分の一以下の誤差で知っていることになるのである。この精度はきわめて高く、自分の身長を十分の一ミリメートルまで測ることに相当する。

数を1.4960×10^{13}のように表記するメリットは、10^{13}という部分によって数の規模が（スケールが）指定されるため、精度がすぐにわかることである。そして第一の部分の小数点以下が長ければ長いほど、精度は高くなる。しかもこの表記は、無視してよいものを教えてくれる。10^{13}cmという部分を見れば、距離の測定値を、一センチメートルとか百万センチメートルとか十億センチメートル程度変化させるような物理的効果は、おそらく重要ではないことがわかるのだ。第1章で力説したように、たいていの場合、無視してよいものを知ることは、もっとも重要なことなのである。

◇

これまで私は、1.4960×10^{13}cmを、数学的な数ではなく物理的な量にするうえで非常に重要な点に触れずにきた。それは数字の後ろについた「cm」である。これがないと、その数がどういう量を表わしているのかがわからない。「cm」があるおかげで、この量が長さの測定値であることがわかるのだ。このように量の性質を示すもののことを、「次元（ディメンション）」という。次元は、物理学における数と、実際の現象とを結びつける働きをする。センチメートル、キロメートル、光年はすべて距離の大きさを表わし、長さの次元をもっている。

物理学をすっきりさせている最大の要因は、自然界には「長さ」、「時間」、「質量」という三つの基本的な次元しかないことだろう。これはわれわれの世界がもつ魅力的な特徴である。(*) すべての物理量は、これら三つの単位の組み合わせとして表わせるのだ。速度を表わすためには、「キロメートル／時」、「メートル／秒」などのどの表現を使ってもよく、どれも［長さ／時間］を別の書きかたで表わしただけのものである。

ここから驚くべきことが導かれる。それは、基本的な次元が三種類しかないため、これらの量から作れる組み合わせの種類にも限りがあるということだ。物理量はすべて、他のすべての物理量となんらかの簡単な関係で結びつけられ、それゆえ物理学に起こりうる数学的関係には、強い制限がかかってくるのである。

物理学者が使う道具のなかで、次元ほど重要なものはない。次元は、物理的に観測可能な量を特徴づけてくれる。次元のおかげで方程式を丸暗記する必要がなくなるだけでなく、物理的世界の基本的な捉えかたを教えてくれるのも次元なのである。これから論じていくように、「次元解析」という方法を使えば、この世界に対する基本的な展望を得ることができる。その展望をもとに、われわれは自らの感覚や測定によって得られた情報を解釈するのだ。次元解析は究極の近似法であり、物理学者がものごとを思い描くときには、その次元を思い描いているのである。

前章で球形牛のスケーリング則《そく》を調べたとき、われわれが実際に行なったことは、長さの次元と質量の次元との関係を調べることだった。たとえばあの場合には、長さと体積との関係（より具体的には、長さを一定の比率で大きくしたとき、物体の体積はもとの体積の何倍になるか）が重要だった。しかし次元を考えれば、そこからさらに一歩進んで、どんな物体についても体積そのものを概算する方法がわかるのである。

　体積を表わす単位系を考えてみよう。立方センチメートルでも、立方メートルでもいい。ここで重要なのは「立方」という言葉である。これらの単位はみな、長さ×長さ×長さ＝長さ^{3}という、まったく同じ次元を表わしている。したがって、ある特徴的な長さを$\boldsymbol{d}$とすると、体積の概算値はそれを三乗した$\boldsymbol{d}^3$になるとみてよい。桁数を見積もるだけなら、たいていの場合はこれでうまくいく。たとえば球の体積は、直径を$\boldsymbol{d}$として、$[\pi/6]\boldsymbol{d}^3 \approx [1/2]\boldsymbol{d}^3$になっている。

　もうひとつ例を挙げよう。「距離＝速度×時間」と、「距離＝速度／時間」とでは、どちらが正しいだろうか？　ごく簡単な「次元解析」をすれば答はすぐにわかるというのに、生徒たちは何世代にもわたって公式を暗記しようとやっきになり、挙《あ》げ句《く》の果て

（＊）原注　これに電荷を付け加えることもある。しかし電荷は必須ではなく、ほかの三つの次元で表わすことができる。

にいつも間違うのだ。速度の次元は［長さ／時間］、距離の次元は［長さ］である。したがって、左辺の次元が［長さ］、右辺の次元も［長さ］になるためには、速度が［長さ／時間］の次元をもつのだから、速度に時間を掛けてやればよい。

次元解析を行なえば、得られた答が正解だと保証することはできないが、もしも間違っていればすぐにそれとわかる。未知のことがらを理解しようとするとき、次元解析はとても役に立つ。まだ知らないことを、この世界についてすでに知られていることがらにあてはめるための枠組みを与えてくれるからである。

「幸運の女神は備《そな》えある人に味方する」などというが、物理学の歴史においてこれにまさる真実はない。次元解析をすれば、不測の事態に備えることができる。簡単な次元解析には、しばしば魔法のような効き目があるのだ。このことをわかりやすく説明するために、舞台を現代に移し、既知と未知の世界が交わる物理学最前線の研究を取りあげることにしよう。それは次元解析が、自然界の四つの力のうち「強い相互作用」と呼ばれるものを解するために役立ったケースである。(*)

すべての原子の原子核は、陽子と中性子からできており、陽子も中性子はともに「クォーク」からできている。そのクォークどうしを結びつけているのが、強い相互作用である。これからする話は、一読するとやや難しく思われるかもしれないが、心配はいらない。私がこの話をするのは、次元解析が物理的直観をどれほど力強く導いてくれるかをわかってもらうよい例だと思うからである。その議論の香りは、結果などよりもずっとみなさんを感動させてくれるだろう。

素粒子物理学は、物質の究極の構成要素と、それらのあいだに働く力の性質を調べる物理学の一分野である。この分野の研究者たちは、次元解析をとことん押し進めた単位系を作りあげた。原理的なことを言えば、三つの次元（長さ、時間、質量）は互いに関係がない。しかし実際的なことを言えば、これら三つのあいだには自然がつけてくれた関係があるのだ。たとえば、長さと時間とを結びつける普遍定数があるなら、この定数を長さに掛けてやれば、長さを時間で表わすことができる。そして自然は親切にも、そんな定数を用意してくれていたのだ。そのことをはじめて明らかにしたのがアインシュタインである。

あとで詳しく述べるように、相対性理論の基礎は、「光速（c）は普遍定数である（誰が測っても同じ値になる）」という原理である。速度は［長さ／時間］の次元をも

（＊）訳注　自然界の四つの力とは、重力、電磁力、強い力（強い核力、強い相互作用）、弱い力（弱い核力、弱い相互作用）のこと。強い力は、原子核内で中性子と陽子を強く結びつけている力である。弱い力は、陽子を中性子に変えたり、中性子を陽子に変えたりすることにより、エネルギー生成や元素合成などの反応に大きな役割を果たしている力である。

つから、それに「c」をかけてやれば、長さの次元をもつもの、すなわちその時間内に光が進む距離になる。つまり、すべての長さは、光がその距離を進むためにかかる時間によって表わせるのである。肩からひじまでの距離ならば、10^{-9}秒などと表わせる。光がそれぐらいの距離を進むためには、ほぼこの程度の時間がかかるからである。ある時間に光がどれだけ進むかを測定すれば、すべての観測者は同じ結果を得る。

光の速度という普遍定数が存在するおかげで、あらゆる長さと時間のあいだに一対一の対応関係が生じる。すると、長さと時間という二つの次元のうち、どちらか一方をなくすることができる。長さを時間で表わしてもいいし、時間を長さで表わしてもいい。もっとも簡単なのは、光速が1になるような単位系を作ってしまうことだ。長さの単位を、センチメートルやインチではなく「光秒」にするのである。この場合、光の速さは1［光秒／秒］になる。長さとそれに対応する時間とが、同じ数値になってしまうのだ！

これをさらに一歩進めることができる。この単位系では、長さ（光秒など）と時間の値が同じになるならば、長さと時間を別の次元だと考える必要はあるのだろうか？　それならいっそ、長さと時間の次元を同じにしてはどうだろう。そうすると、これまで［長さ／時間］の次元をもっていた速度は、次元をもたなくなる。分子と分母の次元が同じになり、互いに打ち消しあうからだ。これは物理的には、すべての速度を光速との比（したがって次元をもたない）として表わすことに等しい。1/2 の速度といえば、光速の 1/2 の速度を意味することになるのである。このような単位系が使えるためには、基準となる光速は、誰が測定しても同じになる（つまり光速が普遍定数である）ことが絶対に必要なのは明らかだろう。

　こうすると、独立した次元は、時間と質量（長さと質量でもよい）の二つだけになる。この単位系を使えば、長さと時間以外にも、それまでは別々の次元をもっていた量を等しくすることができる。たとえばアインシュタインの有名な式 $E=mc^2$ は、物体の質量と、ある量のエネルギーとを結びつけている。ところが、新しい単位系では c（＝1）に次元がないため、エネルギーの次元と質量の次元が同じになることがわかる。これにより、アインシュタインの式が形式上行なっていることが、実際上も成し遂げられる——質量とエネルギーとが一対一に対応するのである。質量がエネルギーになるのだから、アインシュタインの式からわかるように、物質の質量は、質量の単位で計っても、それと等価なエネルギーの単位（たとえば「ボルト」や「カロリー」など）で計ってもよい。素粒子物理学者はまさにそれをやっている——電子の質量を、10^{-31} グラムと言わずに、五十万電子ボルトと言うのである（一電子《エレクトロン》ボルト〔eV〕は、一ボルトの電池が導線中の一個の電子に供給するエネルギー）。

　素粒子物理学の実験では、粒子の静止質量がエネルギーに変換される反応過程を扱うことが多いので、質量のゆくえを追うためにエネルギーの単位を使うのは合理的なやりかただ。ここから物理学者を導く指針のひとつが導かれる——「物理的に考えて、もっとも合理的な単位を使え」。同様に、大きな加速器の中では、粒子は光速に近い速度で進むため、$c=1$と決めたことは数値上もたいへん便利だ。しかし身近な運動をこの単位で記述すると、速度の値があまりにも小さくなるため不便である。たとえばジェット飛行機の速度をこの単位で表わせば、$0.000001=10^{-6}$となる。

この路線をさらに先まで進めることができる。自然界には普遍定数がもうひとつある。それは「h」で表わされ、量子力学の生みの親のひとりであるドイツの物理学者、マックス・プランクにちなんで「プランク定数」と呼ばれているものだ。プランク定数は、質量（またはエネルギー）の次元をもつ量と、長さ（または時間）の次元をもつ量とを結びつける。これまでの路線に沿って、$c=1$であるだけでなく、$h=1$でもあるような単位系を作ることができる。この場合、次元の関係は少しだけ複雑になる。質量（またはエネルギー）の次元が〔1／長さ〕、または〔1／時間〕と同じになるからだ（具体的には、一電子《エレクトロン》ボルト〔eV〕のエネルギーが$1/6\times10^{-16}$秒になる）。

このように、本来は互いに無関係な自然界の三つの次元を、一つに減らすことができる。つまり物理的世界のあらゆる測定値を、質量、時間、長さのうち、都合のよいどれかひとつの次元だけで表わせるわけである。三つの次元を互いに変換するためには、通常の単位系（光速が $c=3\times10^8$ メートル／秒であるような単位系）から、この単位系に移ったときの変換因子を覚えておけばいい。たとえば体積は、通常の単位系では 長さ×長さ×長さ=長さ^3 の次元をもつが、この新しい系では［1/質量^3］（または［1/エネルギー^3］）の次元になる。こちらの新しい単位に適切な変換を行なえば、たとえば一立方メートル（$1\mathrm{m}^3$）の体積は $1/[10^{-20}$ 電子ボルト$^3]$ になる。

読者はこういう考えかたをはじめて聞いたかもしれない。しかしこの考えかたをすれば、独立な基本的次元がひとつしかなくなるため、非常に複雑な現象でも、たったひとつの量だけで結果を容易に見積もることができる。そのおかげで魔法のようなことができるのである。たとえば、陽子の三倍の質量をもつ新しい素粒子が見つかったとしよう。エネルギーの単位でいえば三十億《ギガ》電子《エレクトロン》ボルト（略して 3GeV）である。もしこの粒子が不安定なら、崩壊するまでの寿命はどのくらいだろうか？　崩壊のプロセスがきちんと解明されないかぎり、そんな計算はできるわけがないと思われるかもしれない。ところが、次元解析を使えば推測するぐらいはできるのだ。

ここに現れる唯一の量は、粒子の静止質量（またはそれと同じことだが、粒子の静止エネルギー）である。時間の次元はこの単位系では［1／質量］の次元に等しいので、寿命の見積もりとしては $k/(3\mathrm{GeV})$ が妥当だろう。k は次元をもたない数で、ほかに何も情報がないから、だいたい1の程度と考えよう。変換式 $1/(1\mathrm{eV})=6\times10^{-16}$ 秒を使えば、寿命を通常の単位に戻すことができる。こうして、その新粒子の寿命はだいたい$k \times 10^{-25}$秒と概算できるのである。

もちろんこれは魔法でも手品でもない。何もないところから何か出したわけではないのだ。次元解析が教えてくれるのは、考えている対象のスケールなのである。次元解析をすれば、このぐらいの質量をもつ不安定粒子の「自然な寿命」は、$k \times 10^{-25}$秒程度だということがわかる。これはちょうど、人間の自然の寿命はおよそ$k \times 75$年程度だというのと同じようなものである。物理学（人間の寿命なら生物学）の中身はすべて、未知の量「k」のなかに含まれている。

次元解析は非常に重要なことを教えてくれる。それは、kの値が1から大きくずれるようなら、そこには何か理由があるはずだということだ。たとえば粒子の寿命が次元解析で得られる値から大きくずれていたなら、関係する反応過程がよほど強いか、あるいは弱いに違いない。それはちょうど、普通の牛より十倍も大きいのに、体重が一キロにも満たないスーパー牛がみつかったようなものである。この場合、簡単なスケーリングの議論から、そんな牛は何かとても奇妙な物質でできていることがわかる。実際、物理学においてとりわけ興味深い結果が得られたのは、たいていの場合、単純素朴なスケーリングの次元論が通用しなかった場合なのである。ここで重要なのは、そもそもスケーリングによる考察を行なっていなければ、何か興味深いことが起こっていることにすら気づかなかったということだ。

　一九七四年、その意味で劇的な事件が起こった。一九五〇年代から六〇年代にかけて、高エネルギー実験は長足《ちょうそく》の進歩を遂げた。まずはじめに、加速した粒子のビームを、固定した標的粒子にぶつける技術が開発された。その後、高エネルギーに加速した粒子ビームどうしを衝突させることができるようになった。その結果、新粒子が続々と発見されたのである。そして何百という粒子が見つかるにつれて、粒子の体系になんらかの秩序を見出す望みはなくなっていった。

　しかし一九六〇年代はじめ、カリフォルニア工科大学のマレー・ゲルマンらが作ったクォーク・モデルにより、混沌から秩序が生まれた。観測された新粒子はすべて、ゲルマンがクォークと名づけた基本構成要素の簡単な組み合わせとして表わせたのである。加速器の中で生まれた粒子は、三個のクォークでできているか、あるいはクォークと反クォークのペアでできているかによって、簡単に分類された。さらに、陽子や中性子を作っているのと同じクォークをさまざまに組み合わせてみたところ、陽子と同程度の質量をもつ不安定な粒子の存在が予想されたのである。それらの粒子は実際に観測され、寿命は次元解析による見積もり（約 10^{-25} 秒）に近いことがわかった。観測された寿命はほぼ 10^{-24} 秒だったため、次元による見積もりの定数 k は約10という、1からそう遠くない値だった。しかし、クォーク間の相互作用は、これら不安定な粒子たちを崩壊させるのみならず、陽子や中性子などの内部に存在するクォークたちを非常に強く結びつけているらしく、自由なクォークはただのひとつも観測されなかった。クォークを決して自由にしないこの相互作用はあまりにも強く、どれほど計算方法を工夫しても詳しいことはわかりそうになかった。

この行き詰まりを打開して道を切り開いたのが、一九七三年になされた理論上の重要な発見だった。プリンストン大学のデーヴィッド・グロスとフランク・ウィルチェック、そしてこの二人とは別に、ハーバード大学のデーヴィッド・ポリツァーは、電磁気の理論と、新たに確立された「弱い相互作用」の理論を手本に、クォーク間に働く強い相互作用の理論をいくつか作ってみた。すると、魅力的なひとつの理論が驚くべき性質をもつことがわかったのだ。

その理論では、クォークには三つのタイプがあるとされた。それぞれのタイプは、「色」という奇抜なラベルで区別されたため、その理論は量子色力学（Quantum ChromoDynamics、略してＱＣＤ）と呼ばれることになった。グロス、ウィルチェック、ポリツァーが発見した驚くべき性質とは、クォークが互いに近づけば近づくほど、「色」の相互作用はどんどん弱くなるということだった（そのような性質のことを「漸近《ぜんきん》自由性」という）。彼らはさらに、その性質はこのタイプの理論に特有であることを証明した。ほかのタイプの理論では、近づくほど力が弱くなったりはしないのだ。

こうしてようやく、観測結果と理論的予測とを比較するための計算ができそうになってきた。というのも、相互作用が十分に弱い状況があるなら、相互作用のないクォークから出発して、小さな相互作用を付け加えていくという近似を積み重ねていけば、クォークの振る舞いに対して信頼性のある計算ができるだろうからだ。

理論物理学者たちが「漸近自由性」という驚くべき性質を理解しはじめたころ、アメリカの二つの研究所（ひとつはニューヨーク、もうひとつはカリフォルニアにある）の実験家たちは、エネルギーをどんどん上げて素粒子を衝突させる実験を行なっていた。一九七四年十一月、二つのグループはほぼ同時に、陽子の三倍の質量をもつ新粒子を発見した。驚いたことに、この粒子は、質量がそれより少しだけ小さい粒子にくらべて百倍ほども長い寿命をもっていたのである。発見者のひとりはこう言った。「ジャングルで未知の部族に出会ったところ、その部族の人たちはみな年齢が一万歳だったというようなものだ」

この重い新粒子は、新しいタイプのクォーク（とその反粒子）でできているに違いないことがまもなく明らかになった。そのクォークは「チャーム・クォーク」と呼ばれ、理論家たちは別の理由から、何年も前にその存在を予測していたのだ。さらに、この重い新粒子（チャーム・クォークとその反クォークの束縛状態《そくばく》）の寿命がとてつもなく長いという事実までも、ＱＣＤの漸近自由性によってすぐに説明されたのである。

その重いクォークと反クォークが非常に接近して束縛状態を作っているなら、その相互作用は、陽子などの内部に存在する軽いクォークどうしの相互作用よりも弱くなるだろう。相互作用が弱いということは、クォークとその反クォークが互いに相手を「発見」し、消滅するまでに時間がかかるということだ。実際、陽子の大きさと、この新粒子の予想された大きさに対して、QCDの相互作用の強さをスケーリングし、消滅までの時間をざっと見積もったところ、観測結果とよく合う値が得られた。これによって、QCDははじめて直接的な裏づけを得たのだった。

この発見から数年のうちに、さらに高いエネルギーで実験が行なわれ（高いエネルギーでは計算に用いられる近似の信頼度が高まる）、QCDと漸近自由の予測をみごとに裏づける結果があいついで得られた。QCDの相互作用が強くなる領域では、完全な計算はまだ誰にもできていないけれども、高エネルギー領域での実験的証拠があまりにもみごとなので、QCDがクォーク間相互作用に関する正しい理論であることを疑う者はいない。

しかし、そもそも次元にもとづく考察を行なっていなければ、QCDに堅固な実験の基礎を与えることになった重要な発見の意義にも気づかなかっただろう。このことはQCD発見のエピソードにとどまらない一般性をもつ。次元解析は、われわれが描き出す宇宙像を検証するための枠組みを与えてくれるのである。

◇

われわれの世界観は、自然を記述するために用いる数を出発点にしているにせよ、数のレベルに留まっているわけではない。物理学者たちは、物理的反応過程を記述するためには、数だけでなく数式も使わなければならないと主張する。もっとわかりやすくて便利な言語を使えばいいのに、と思う読者もいるかもしれない。しかし、数と数式という言葉を使う以外に道はないのである。ガリレオもこのことはよく理解しており、四百年も前に次のように述べている。「哲学は宇宙という壮大な本に書かれ、その本はわれわれの目の前に開かれている。しかし、まずはその本に書かれた言葉を理解し、それが読めるようにならないことには、内容を理解することはできない。その言葉とは数学であり、その文字は三角や円などの幾何学的図形である。それがわからなければ、人は一語たりとも理解できず、暗い迷宮をさまようことになるだろう」

「数学は物理学の言葉」などと言うのは、「フランス語は愛の言葉」と言うのと同じくらい陳腐なセリフに思えるかもしれない。こう言ったところで、ボードレールの詩を解釈するようには数学を解釈できない理由が解明できるわけではない。また、こと愛に関するかぎり、フランス語を母語としないわれわれでも、ここぞという時にはなんとかなっているではないか！　しかし問題は言葉だけに留まらない。どれぐらい留まらないかについて、まずはリチャード・ファインマンの意見を紹介しよう。

ファインマンはカリスマ的な個性の持ち主だったが、それだけでなく今世紀最大の理論物理学者のひとりでもあった。とにかく彼は説明がうまかった。うまい説明ができたのは、物理学の主要な成果のほとんどを彼独自のやりかたで理解し、自力で導き出せたからだろう。それに加えて、彼のニューヨークなまりも効果的だったのではないかと私は思っている。

数学の必要性を説くとき、ファインマンが先例として挙げたのはほかならぬニュートンだった。ニュートンの最大の発見は、言うまでもなく、万有引力の法則である。ニュートンは、われわれを地球上につなぎとめているのと同じ力が天体の運動を引き起こしていることを示し、それによって物理学を普遍的な科学にした。彼は、人間には身の回りのことだけでなく、それを越えた宇宙のしくみさえ理解できることを示したのである。あたりまえだと思われがちだが、宇宙に関してもっとも驚くべきことのひとつは、野球のボールを公園の外に飛び出させるのと同じ力が、太陽をめぐる地球の運動も、さらには銀河系をめぐる太陽の運動も、銀河団のなかでの銀河系の運動も、進化する宇宙全体の運動さえも担《にな》っているということだ。そうである必然性はなかったはずなのだが（もしかしたら必然性はあったのかもしれない。この問題は未解決である）。

ニュートンの重力法則は、言葉で表わせば次のようになる。「二つの物体間に働く重力は、それらを結ぶ直線に沿い、それらの質量の積に比例し、それらのあいだの距離の二乗に反比例する」たったこれだけのことでも言葉で表わせば複雑だが、これぐらいは大したことではない。この重力法則に、もうひとつのニュートンの法則、すなわち「物体は加えられた力に応じてその速度を変える。変化の向きは力の方向であり、変化の大きさは力に比例し、質量に反比例する」をつけ加えれば、必要なものはすべてそろう。重力の影響は、すべてここから導き出せるのである。しかしどうやって？　上の文を世界一の言語学者に渡し、意味論的に宇宙の年齢を導き出すよう頼んでもいいが、結果が出るまでには途方もなく長い時間がかかるだろう。

　私がここで言いたいのは、数学は、論理という道具によって生み出された「結びつき」の体系でもあるということだ。これを説明するために、引き続き重力の例を取りあげよう。ヨハネス・ケプラーは十七世紀のはじめに、後世に名を残すことになる一大発見をした。生涯をかけて解析したデータから、惑星はきわめて特殊なやりかたで太陽のまわりを公転していることに気づいたのである。惑星と太陽をつなぐ線分を引いたとしよう。このとき、惑星が軌道上を動くにつれてこの線分が掃《は》く面積は、一定の時間内では必ず同じになる。これは、「惑星は、太陽に近いときは速く動き、遠いときはゆっくり動く」と述べるのと同じことである（数学を使えば同じなのだ！）。さらにニュートンは、この結果が「惑星から太陽に向かう直線方向に働く力が存在する」と述べることと数学的に同じであることを示した。これが万有引力の法則のはじまりである。

どんなにがんばっても、言語学的立場だけからこの二つの表現がまったく同じだと示すことは決してできないだろう。ところが、数学（この場合はごく普通の幾何学）を使えば、比較的容易に証明できるのである（ニュートンの『プリンキピア』を読んでもいいし、もっとわかりやすいファインマンの本を読んでもいい）。

この例を挙げたのは、もしもニュートンが、ケプラーの観測結果と、太陽が惑星に力を及ぼしていることとを数学的に結びつけることに成功しなかったら、万有引力の法則を導けなかっただろうと言うためだけではない（それだけでも科学の発展においては途方もなく重要なことなのだが）。あるいはまた、物理学の土台である数学の有用性がわからなければ、ほかの重要な結びつきを導くこともできないと述べるためでもない。真に重要なのは、数学的に導かれた結びつきは、われわれの宇宙観を決定するうえで決定的に重要だということだ。

ここで文学のたとえをひとつ挙げてもよかろう。この章を書いているとき、私はカナダの作家ロバートソン・デーヴィスの小説を読んでいた。その作品のなかでデーヴィスは、私にとって非常に切実な内容を簡潔な言葉でまとめていた。「私を本当に一驚させたのは、私にこんなことができるのを兵士たちが驚いたことです。……新約聖書を読んでいるような人間なら真面目人間に決っていて、それとはまったく違うように見える面をもっているとは、とても想像できないのです。誰だって少なくとも二つ――二十二とはいわないまでも――の面をもっているのは当り前だと、私が考えていなかった時など一度もありません」

もう少し個人的な話をすると、妻は私にいろいろなことを話してくれたが、そのなかのひとつに、世界の新しい見かたを教えてくれたことがある。私たちの生い立ちはずいぶん違っている。妻は小さな町に生まれ育ち、私は都会で生まれ育った。私のように都会育ちの人間は、小さな町で育った人とは他人を見る目がずいぶん違う。都会では、多くの人たちは通りいっぺんの存在である。肉屋は肉屋、郵便配達人は郵便配達人、医者は医者でしかない。ところが小さな町では、通りいっぺんの見かけで人を判断することはまずない。彼らはご近所の人たちなのである。医者はのんべえかもしれないし、隣の女たらしは地元高校の英語教師かもしれない。私が妻から学んだのは、人はひとつの特徴や活動だけで分類できるものではないということだ。このことがわかってはじめて、人は人間というものを真に理解できるようになるのだろう。

同様に、宇宙における物理的プロセスはすべて多元的である。ひとつひとつのプロセスに対し、一見すると異なるけれども、実は等価であるような多くの見かたができることに気づいてはじめて、宇宙のしくみを深く理解できるのである。一面を見ただけでは、自然を理解したとは言えない。そして、良くも悪くも数学的な関係だけが、部分のなかに全体を見せてくれるのである。世界は球形牛にほかならないと言えるのも、数学のおかげなのだ。

数学はこの世界のさまざまな顔を見せてくれるため、世界をますます複雑にするとも言える。しかし世界のさまざまな顔を見せることで、数学はわれわれの理解を助けてくれているのである。すべての顔を同時に頭に入れておく必要はない。数学の助けを借りれば、ひとつの顔から別の顔へと好きなときに移ることができるのだから。また、これから述べるように、この世界を理解可能にしているのが、物理学の各部分にみられる結びつきであるなら、物理学をわかりやすくしているのは数学なのだ。

そのうえ数学のおかげで、同じ現象をさまざまに描き出せるため、われわれは発見の興奮を何度も味わうことができる。新しい見かたをすることは、つねに可能なのだ！しかも、この宇宙の新しい顔を見ることにより、新しい洞察をもたらしてくれた現象を超えて理解が広がるかもしれない。これについては有名な例があり、その話をしなければ私は怠慢《たいまん》の誹《そし》りを受けることになるだろう。それはファインマンから教えてもらった例で、二十五年たった今も、じつに魅力的だと思う。

それは蜃気楼《しんきろう》という、よく知られてはいるが不思議な現象の話である。暑い夏の日に、どこまでもつづくハイウェーを走ったことがある人なら、道路の遠いところが青色に変わり、そこにたまった水が空を映しているかに見えた経験があるだろう。蜃気楼には、

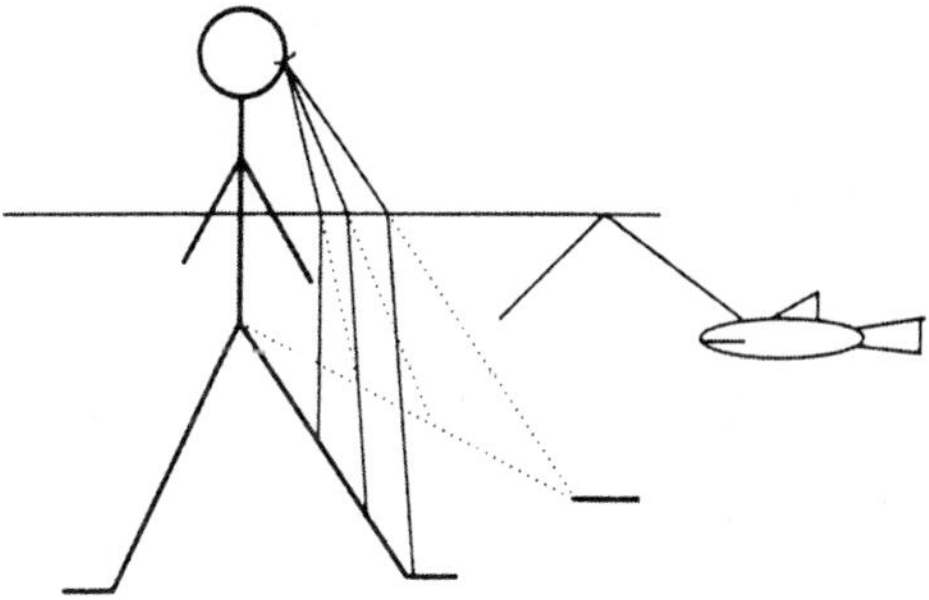

異国情緒あふれる話もある。水を求めて砂漠をさまよう気の毒な旅人が、水を見つけたと思って駆け寄ると、水はふっと消えてしまうというのだ。

蜃気楼には、簡単でありふれた説明がある。その説明では、「光は二種類の媒質《ばいしつ》の境界を突っ切るときに曲がる」という、よく知られた事実が用いられる。人間が水中に立つと、足が短く見えるのもこの現象のためである。水面で光線が曲がるせいで、足が実際よりも高い位置にあるように見えてしまうのだ。

光は、密度の高い媒質から低い媒質に進むときには、上図のように（光は、水中の足から、空中の自分の目に向かう）、必ず「外向き（入射角より透過角が大きくなるように）」に曲がる。光が十分大きな角度で水面にぶつかると、あまり大きく曲げられたために水中

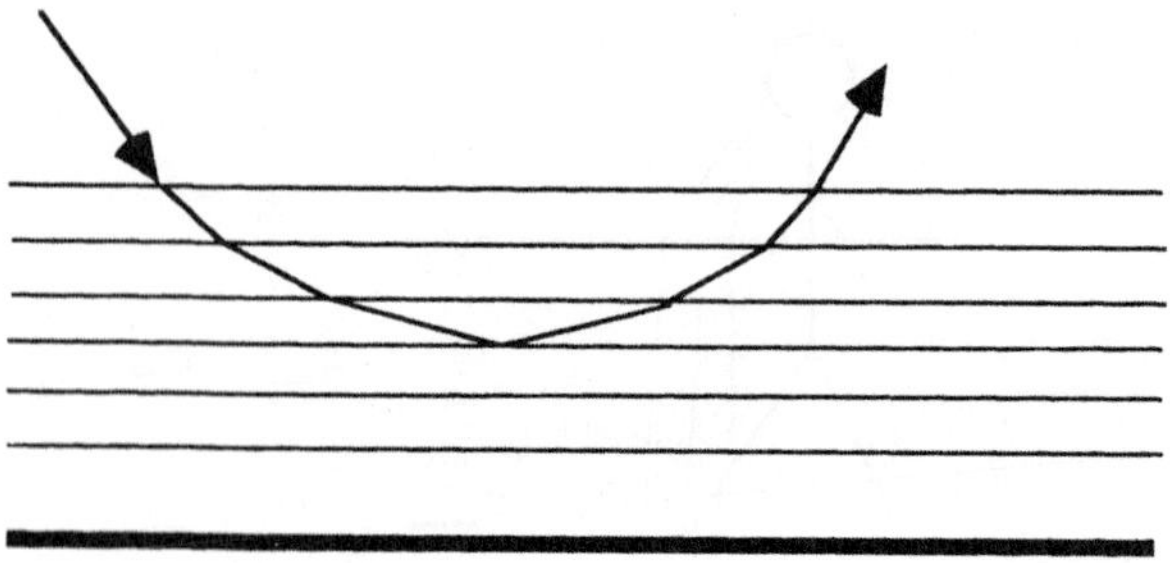

に戻ってしまう。襲いかかってくる寸前の鮫の姿が見えなくなるのはこのためである。

空気のよどんだ暑い日には、道路の表面に近いところでは気温が上がり、空気に層ができる。いちばん下の層がいちばん温度が高く、密度は低い。上の層になるにつれて温度は低く、密度は高くなる。空から道路に向から光は、それぞれの層で曲げられる（上図）。そしてついには——層が十分な数だけあれば——完全に反射されて、車の中にいるあなたの目に飛び込んでくる。こうして、道路に青い空が映っているように見えるのである。これんど蜃気楼を見ることがあったらじっくり観察してみよう。青い層は、路面よりもやや高いところにあるのがわかるだろう。

以上が一般的な説明である。とくに面白いわけではないが、説明としては十分だ。ところがこの現象には、まったく別の説明ができるのである。二つの説明は、数学的には同等であることが知られているが、空からやってきた光がいかにして目に届くのかに関して、非常に異なった説明を与えてくれる。その説明の基礎となっているのは、一六五〇年にフランスの数学者フェルマーが提唱した「最小時間の原理」である。この原理は、「光がA点からB点に進むときには常に、かかる時間が最小になるような経路をとる」というものだ。

光は普通は直進するから、この原理はたしかに成り立っている。しかし蜃気楼は、この原理ではどのように説明されるのだろうか？　光の速度は、密度の小さい媒質中では大きくなる（真空中でもっとも大きくなる）。道路に近いところの空気は、温度が高くて密度が低いため、光は道路の近くに長く滞在すればするほど、目的地に到達するまでの時間は短くてすむはずである。そうなると、空中のA点を出発して、あなたの目の位置であるB点に向かおうとするとき、光線はどんな経路をとるだろうか？

ひとつの可能性は、まっすぐに目に向かう経路である。しかしこの場合、光の進む距離はたしかに最短になるが、かなりの時間を密度の大きい上方の空気中で過ごすことになる。もうひとつの可能性は、次頁図に示した曲がった経路をとることである。この場合、光がたどる距離は長くなるが、密度の小さな路面近くの空気中を通る時間が長くなる。光が進む距離と、そのときの速度とを詳しく比較してみると、光が実際にとる経路

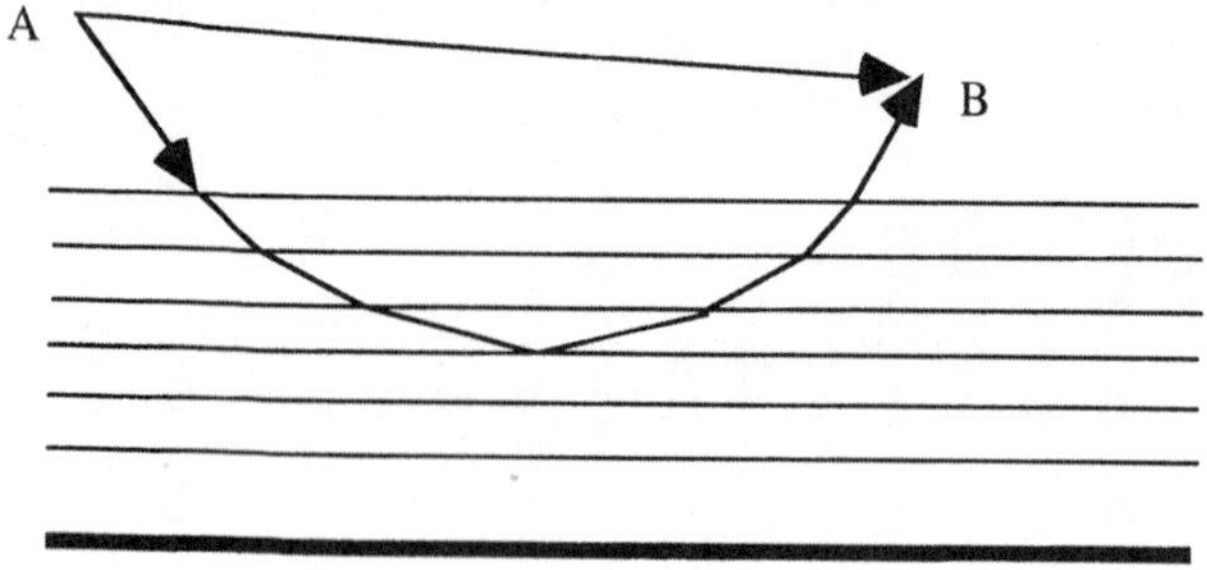

（蜃気楼が生じる経路）は、時間を最小にする経路になっていることがわかるのである。

考えてみれば、これは奇妙なことである。光はあらかじめ、どの経路をとればいちばん速く目的地に着くかを知っているのだろうか？　可能な経路をすべて「嗅ぎまわって」、正しい経路を選ぶのだろうか？　もちろんそんなことはない。光は、単に局所的な物理法則に従っているだけなのだ。それがたまたま、時間を最小にするような経路になるのである。

この説明にはなにかしら説得力が感じられる。密度の異なる空気の層で光が曲がるという説明よりも、こちらのほうが根本的な説明になっているような気がするだろう。そして実際、ある意味ではたしかに根本的なのである。

今日《こんにち》では、物体の運動法則は、光に関する

フェルマーの原理と同じ形に書けることがわかっている。また、ファインマンは量子力学の法則を説明する新しい方法を開発したが、それは古典的なニュートンの運動法則を、この新しい形式で書き表わすことによって導かれたのだった。

数学は、世界を描き出すさまざまな（異なるけれども等価であるような）方法を与えることにより、自然を理解する新しい方法を教えてくれる。そのような方法の意義は、単に新しいというだけではない。新しい概念は、古い概念を使うときに障害になった躓《つまず》きの石を取り除いてくれる可能性をもっているのだ。たとえば、フェルマーの原理からの類推《るいすい》で、これまでは足を踏み込めなかった物理系に量子力学を応用することもできるようになった。スティーヴン・ホーキングが最近開拓したのもそんな例のひとつで、量子力学がアインシュタインの一般相対性理論に及ぼす影響を扱ったものである。

数学的な結びつきが、世界を描き出す新しい方法を提示し、そうすることで自然に対するわれわれの理解を支配しているのだとしたら、こんな疑問がわくだろう。自然に対する抽象概念が数学的なものだとしたら、われわれはいかなる意味で宇宙を理解しているといえるのだろうか？　たとえば、ニュートンの法則は物体が運動する理由を説明しているというが、それはいったいどういう意味だろうか？　ここで、ファインマンの言葉をふたたび引用しよう。

何かを「理解する」とはどういう意味だろうか？　この世界は、神々の遊ぶ壮大なチェス・ゲームで、われわれはそのゲームを観察していると仮定しよう。われわれはゲームのルールを知らない。われわれにできるのは、ゲームの進行を見守ることだけだ。もちろん、長いあいだ見ていれば、ルールのいくつかはわかるようになるかもしれない。そのルールは基礎物理学と呼ばれているものだ。しかし、たとえルールが全部わかったとしても、複雑すぎてわれわれの知恵が及ばないために、ゲーム中にある動きがとられた理由まではわからないこともあるだろう。チェスをやる人なら知っているとおり、ルールを全部覚えるのは簡単だが、最善の手を選んだり、相手が打った手の意味を理解するのは並大抵《なみたいてい》のことではないからだ。自然の場合もしかり――ただ、ずっと難しいだけだ。……そこでわれわれは、ルールを理解するという、より基本的なことに的《まと》を絞らなければならない。ルールがわかった時点で、世界を「理解した」と考えるのである。

結局、われわれにできるのはルールを説明することぐらいで、そのルールが使われている理由までは決してわからないのかもしれない。しかし、ルールを発見するという点では、われわれはみごとな成功を収めてきた。ルールがなかなか見えない複雑な状況もあれば、一見してルールがわかる簡単な状況もある。そうした状況のなかからルールを抜き出すために使われるのが、本章や前章で説明した道具たちなのだ。

世界を理解しようとするとき、物理学者が望みうるのはルールを見出すことだけである。それでも、努力を惜しまず幸運にも恵まれれば、未知の状況に対して自然がどのように応答するかを言い当てるという愉しみを味わうことぐらいはできる。そうするなかで、うまくすれば物理学の隠れた結びつきをじかに目にする機会にも恵まれるかもしれない。この世界をかくも魅力的にしているのはそんな結びつきなのであり、それを最初にあらわにしてくれるのは数学なのだ。

第2部　進歩

第3章　創造的剽窃《ひょうせつ》

変転すればするほど、ものごとはもとのままに留まるものだ。
フランスの古いことわざ

世間一般の常識によれば、科学上の新発見はつねに斬新なアイディアを軸として発展しているように思えるかもしれない。しかし実をいえば、たいていはその逆なのだ。古いアイディアはただ生き延びるだけでなく、あいかわらず多くの実《みの》りをもたらしてくれる場合が大半なのである。この宇宙に起こる現象は無限に多様だが、それを支配する原理はそれほど多くはなさそうだ。そのため物理学では、新しいアイディアよりも、役に立つアイディアのほうが重んじられる。結果として、過去に役立ったのと同じ概念、同じ定式化、同じテクニック、同じ「描像《びょうぞう》」に、あれこれの手を加え、多様な状況に対応させたものが目につくことになる。

自然の神秘を解き明かそうというのに、これはまたずいぶんと臆病な、それどころか非創造的な態度だと思われるかもしれない。しかし決してそうではないのである。投石機ひとつで巨人を倒せるかもしれないと考えるのは非常に大胆なことだが、投石機を使って飛ばした石がどこまで届くかを決定している理論体系が、宇宙の運命をも決定しているのではないかと考えることもまた、それと同じぐらい大胆なことなのだ。既存のアイディアが新奇な状況にも使えることに気づくためには、しばしば大いなる創造性が必要になる。物理学においては、「少ないことは豊かなこと」なのだ。

古いアイディアの使いまわしが毎度のように成功したため、やがて物理学者たちはそれを期待するようになった。まれに新しい概念が生まれることもあるが、それは既存の知識体系によって、むりやり押し出されるように生まれてきたにすぎない。物理学を人間にとって理解可能なものにしているのは、この創造的剽窃なのである。なぜならそれは、基本的なアイディアは多くないことを意味しているからだ。

今日《こんにち》、科学に対して抱かれている最大の誤解は、「科学革命は、それ以前のいっさいを葬り去る」というものだろう。アインシュタイン以前の物理学は、もはや正しくはないと思っている人もいるかもしれない。だがその考えは間違っている。私の手から落ちたボールの運動は、たった今から未来永劫まで、ニュートンの法則によって記述されるのだ。三流のSFならいざ知らず、新しい物理法則のためにボールが浮かび上がったりはしないのである。物理学のもっとも満足できる特徴は、新しい発見が、既知の事実と矛盾なく噛み合う必要があるという点だ。それゆえ未来の理論もまた、過去の理論から多くのものを借用しつづけることになるだろう。

創造的剽窃という方法は、前に述べた「宇宙を近似する」という考えかたと相補《あいおぎな》いあうものである。「おのれ憎《に》っくき水雷め、全速前進！」というセリフは、すべてを理解しなくとも前進してよいのだということを教えている。新しい兵器工場を一から作らなくとも、とりあえず手元にある道具を使って未知の海域を探ればよいのである。

この伝統に先鞭《せんべん》をつけたのも、やはりガリレオだった。第1章では、運動のもっとも簡単な部分に注目して、重要でないものを切り捨てることが、宇宙像の抜本的再構成につながるというガリレオの発見について述べた。そこでは説明しなかったが、ガリレオは、物体が「なぜ」運動するのかは考えないと言いきっているのである。彼は、物体が「どのように」運動するかだけに的《まと》を絞ることにしたのだ――これは余人《よじん》にはまねのできない厳しい自己規制である。ガリレオはこう述べた。「私の目的はきわめて古い対象についてのまったく新しい科学をうち建てることである。自然界においては、運動より古い、根元的なものはない。したがってこれについての哲学者たちの論著は、数においても量においても決して少なしとせぬ。にもかかわらず、私は実験により、従来観察もされず、証明も試みられなかった、自然のきわめて重要な特性をいくつか見出したのである」

そして、「どのように」と問うだけで、驚くべき洞察が得られたのだ。ガリレオが「静止している物体は、一定の速度で運動する物体の特殊ケースにすぎない」と主張するやいなや、アリストテレスの哲学にひびが入りはじめた――アリストテレスの哲学は、静止物体に特別な地位を与えていたからである。実際、このガリレオの主張によれば、等速度運動をしている観測者から見ても、静止している観測者から見ても、物理法則は同じに見えるはずである。なぜなら、一方の観測者に対して等速度運動をしている物体は、他方の観測者に対してもやはり等速度運動をしているからだ。同様に、一方の観測者に対して加速したり減速したりする物体は、他方の観測者に対しても速度を変えることになる。

この「二つの視点の等価性」が、アインシュタインの相対性原理に三世紀ほど先駆けた、いわゆる「ガリレオの相対性原理」である。ガリレオの相対性原理が成り立つことは、われわれにとって非常に幸運なことだった。なぜなら、われわれが運動を測定するときは「大地」を規準にするが、実際には、地球は太陽の周囲をまわっているし、太陽は銀河系のなかで運動し、銀河は銀河団のなかで運動しているからだ。地球上のわれわれは静止しているわけではなく、遠方の銀河に対して猛烈な速度で運動しているのである。

地球上で投げたボールの運動を記述するために、そんな猛烈な運動まで考慮に入れなければならないとしたら、ガリレオもニュートンも、運動の法則を導くことなど絶対にできなかっただろう。運動の法則を発見できたのは、ひとえに、銀河系が他の銀河に対して行なっている等速度運動が（人間のタイムスケールでは等速度とみなしてよい）、地球上の物体の運動には影響を及ぼさないからである。そうして運動の法則が発見されたおかげで、こんどは大文学が発展し、銀河系が遠方の銀河に対して運動していることもわかるようになった。

相対性については後でまた取りあげることにしよう。ここではまずガリレオが、等速度運動の研究で手に入れた成果をどのように生かしたかを説明したい。自然界にみられる運動のほとんどは、実際には等速度運動ではないから、ガリレオが現実の世界について論じるつもりなら、この点についてひとこと述べる必要があった。ガリレオはここでもまた、「重要でないことは切り捨て、〝なぜ〟とは問わないこと」という金言に従った。

自然運動の加速度の原因が何であるかについては、いろいろな学者が数々の意見を提出しており、ある者はこれを中心への引力であるとし、ある者はこれを常に物体のきわめて微少な部分に相互に起こる斥力《せきりょく》とし、またある者は落体の背後に集積してこれをひとつの位置から他の位置へと動かすところの、周囲の媒体《ばいたい》の力であると説明しています。これらすべての観念は、その他のものとともに検討を加えなければならないでしょうが、これによって得るところは少ないでしょう。しかし現在、われわれの著者の求めているところは、その原因は何であれ、加速運動のいくつかの本性を研究し、説明するにあるのです。その加速運動とは、静止の出立点《しゅったつ》からの速度が時間に比例して増加するという簡単な法則にしたがう運動、別な言葉でいえば、等しい時間内に等しい速度増加を受けるような運動のことです。

ここでガリレオは「加速運動」というものを、等速度運動ではない運動のうちでもっとも簡単なもの、すなわち、速度はたしかに変化するが、速度の変化率が一定であるような運動と定義した。では、この理想化にどんな意味があるのだろうか？ ガリレオは独創的な方法を用いて、空気抵抗をはじめとする外的な影響を無視すれば、この簡単化によりあらゆる落下運動が説明できることを示したのである。この発見が、ニュートンの重力法則への道を開くことになった。

物体の落下運動に、「速度の変化率が一定」だという規則性があると知らなければ、「力は質量に比例する」というシンプルな発想はできなかっただろう。実はこの発想を得るまでに、ガリレオは二つの障壁を乗り越えなければならなかった。その二つは、本章の論点にはそれほど関係ないのだが、ガリレオの議論があまりにもシンプルでみごとなので、私はそれを紹介せずにはいられない。

アリストテレスは、物体は落下しはじめた瞬間に最終速度を獲得すると主張した。われわれが目にする運動を直観的に捉《とら》えれば、これはもっともな意見だった。しかしガリレオは、啞然《あぜん》とするほど簡単な例を挙げて、この意見は誤りであることを示したのである。ガリレオの方法は、アインシュタインの言う「思考実験」にもとづくものだった。以下で紹介するのは、それを少しだけ現代風にしたものである。

まずはじめに、風呂桶の水面より十五センチの高さから靴を片方落としたとしよう。次に、九十センチのところから落とす（この場合は、水しぶきがかからないよう、少し離れて立ったほうがいい）。水しぶきの大きさは、水面に衝突したときの靴の速度に関係するという簡単な仮定を置けば、靴が落下する距離が長ければ長いほど、速度は大きくなることがわかる。

次にガリレオは、すべての物体は質量によらず、同じ速さで落下することを示した。「ああ、例のピサの斜塔から物体を落とす実験か」と思う人も多いだろう。しかしその実験が実際に行なわれたかどうかはわからない。実はガリレオは、もっとずっと簡単な思考実験を行ない、二倍だけ重い物体は二倍速く落ちると仮定すれば矛盾が生じると指摘したのである。まず、まったく同じ重さの大砲の玉を二つ、塔から落としたとしよう。たとえ落下速度が質量ごとに違うとしても、この二つの玉は（同じ重さなのだから）同じ速度で落下するはずである。さて、玉が落下しているとき、腕のいい職人が窓からさっと手を出して、この二つの玉をひもでつないだとしよう。こうすれば、大砲の玉の二倍の質量をもつ単一の物体ができたことになる。常識的に考えて、ひもでつないだからといって落ちるスピードが急に二倍になるとは思えない。つまり、物体の落下速度は、その物体の質量に比例しないということだ。

こうしてひっかかりやすい罠を取り除いたガリレオは、いよいよ落下物体の加速度を実際に測定し、それが一定であること（つまり速度の変化率が一定であること）を示せる段階に入った。思い出してほしいが、ガリレオは重力理論の基礎を作るために、物体が「どのように」落下するかを記述しただけで、「なぜ」落下するかは問わなかった。それはちょうどファインマンが言ったように、チェスを学ぶために、まずチェスボード上の駒の配置を調べ、その後それぞれの駒の動きを注意深く記述するようなものである。

ガリレオ以降われわれが繰り返し見出してきたのは、物理現象が起こる舞台を適切に記述することは、現象の背後にある「ルール」を説明するうえで非常に有効だということだった。これを突き詰めれば、舞台がルールを決定することになる。これ以降もたびたび触れるように、それこそまさに今日の物理学研究が進もうとしている道なのだ。しかし脱線してしまったようなので、話を元に戻すことにしよう。

ガリレオはさらに歩《ほ》を進めた。彼はまったく同じ方法を用い、運動に関するもうひとつのやっかいな問題を解決したのである。これまで彼は（そしてわれわれも）、一次元の運動だけを扱ってきた――すなわち、垂直方向に落下するか、水平方向に進むかである。しかし野球のボールを投げれば、ボールは落下すると同時に水平方向にも進む。その軌跡《きせき》は（空気抵抗を無視すれば）、放物線《ほうぶつせん》と呼ばれる曲線を描く。ガリレオはボールの軌跡が放物線になることを、前に用いた解析方法をほんの少し拡張するだけで証明してみせたのだ。彼はまず、二次元運動は、互いに関係のない二つの一次元運動に還元できることを示した。それぞれの一次元運動はすでに記述できている。ボールの運動の垂直成分は等加速度運動で記述され、水平成分は等速度運動で記述されるのだ。そしてこれら二つを合成すれば、まさに放物線になるのである。

これがそれほど大層《たいそう》なことか？　と思われる読者もいるかもしれない。しかしこの方法は、さもなくば間違って解釈されたであろう多くの現象を正しく説明するだけでなく、このとき以降、物理学者たちが従うことになる前例を打ち立てたのである。オリンピックの幅跳びを考えてみよう。あるいはマイケル・ジョーダンのようなバスケット選手が、フリースロー・ラインから一気にダンクショットするようすでもいい。こうした驚異的な技を目にするとき、選手たちが空中をすべるように飛んでいく時間は永遠とも思えるほど長く感じられる。彼らが全力で助走したとすれば、どれほど長く空中に留《とど》まっていられるだろうか？

だがガリレオの方法は、この問いに対して意外な答を与えるのである。ガリレオは、水平方向の運動と垂直方向の運動とは、まったく関係がないことを示したのだった。それゆえ、カール・ルイスやマイケル・ジョーダンが助走をつけずにジャンプしても、助走をつけてジャンプした場合と同じ高さまで飛び上がりさえすれば、まったく同じ時間だけ空中に留まっていられるのである。

同様に、世界中の物理学の授業で取りあげられている次の例を考えてみよう。銃から水平に打ち出された弾丸と、引き金が引かれると同時に同じ高さから落下しはじめた一ペンス硬貨とでは、どちらが早く地面に落ちるだろうか？　答を言えば、同時に地面に落ちるのである。もちろん、弾丸は地面に落下するまでに一キロメートル以上も飛ぶだろう。弾丸がゆっくりと落下するように見えるのは、飛ぶ速度があまりにも大きいため、視野から消えるまでの短い時間ではほとんど落下しないからである。そして、それほど短い時間ではほとんど落下しないという点では、銃弾も一ペンス硬貨も同じなのだ。

ガリレオは、こと運動に関するかぎり、二次元を扱うには一次元を二つ考えればよいことを示した。そのとき以来、物理学者たちはこの先例に従っている。現代物理学で行なわれていることの大半は、新しい問題はすでに解決済みの問題に焼きなおせることを、何らかのテクニックや方法を使って示すことなのである。それというのも、厳密に解ける問題のタイプは、十本の指で数えられるほどしかないからだ（足の指も一、三本必要になるかもしれないが）。

たとえば、われわれはたまたま三次元空間に住んでいるが、完全な三次元問題の大半は、たとえ世界一速いコンピューターを使ったとしても、本質的には解けない。われわれに解ける問題には、二つのタイプしかないのである。ひとつは、その問題に冗長《じょうちょう》な（リダンダントな）部分があるため、解決可能な一次元ないし二次元の問題にしてしまえるもの。もうひとつは、その問題を部分に分解できるため、解決可能な一次元か二次元の問題の集まりとして扱えるものである。

具体的な取り扱いの例はいたるところに存在する。すでに論じた太陽モデルでは、「太陽の内部構造は、中心からの距離が等しいすべての点で同じである」という仮定を置いた。こう仮定すれば、太陽内部の問題を、三次元から実質的に一次元にできる。つまり、太陽中心からの距離 r だけで、問題を完全に記述できるのである。一方、問題の三次元的性格を無視するのではなく、小さな部分に分けて考えるタイプについては、太陽よりも近いところに今日的な例がある。

原子や、原子を構成する粒子の振る舞いは、量子力学の法則に支配されている。この法則のおかげで、われわれは原子の構造を説明し、化学の法則を解明することができたのだった。原子のなかでもっとも簡単な構造をもつ水素原子は、中心部に正の電荷をもつ陽子が一個あり、そのまわりを負の電荷をもつ一個の電子が取り囲んでいる。これほど簡単な系《けい》でさえ、量子力学から得られるその振る舞いはなかなか複雑である。

一個の電子は、エネルギーの値が異なる飛び飛びの状態(離散《りさん》状態)の集まりとして存在している。それぞれの状態を「エネルギー準位《じゅんい》」と呼び、個々の準位は異なる軌道をもついくつかの状態に分裂する。化学にみられる複雑な振る舞いはすべて(生命活動を担《にな》っているのも、物質の化学的振る舞いである)、ある基本的なレベルでは、エネルギー準位を数えるための簡単なルールの反映なのである。たとえば、いちばん高いエネルギー準位に含まれる状態のうち、ひとつだけが空席で、ほかのすべては電子によって占められているような元素は、いちばん高いエネルギー準位に電子がひとつしか存在しないような元素と結合しやすい。身近なところで、食塩(塩化ナトリウム)が存在するのは、ナトリウムのいちばん高いエネルギー準位にある一個の電子が、塩素にも共有されるからだ。塩素は、いちばん高いエネルギー準位にある空席を、ナトリウムの一個の電子を共有することによって埋めているのである。

水素原子という簡単な元素でさえそうなのだが、エネルギー準位の構造を解明できるのは、系の三次元的性質を二つの部分に「分離」できるおかげなのだ。ひとつは一次元問題で、陽子と電子との距離(距離は一次元である)に関係する。もうひとつは二次元問題で、原子内における電子軌道の角度分布（これは二次元）に関係している。これら二つの問題は、それぞれ他方とは関係なく解くことができる。そうして得られた答を組み合わせることで、われわれは水素原子のエネルギー準位を数え、それぞれの準位をさらに分類することができるのである。

同じ路線に沿って、もっと最近の興味深い例を挙げよう。

スティーヴン・ホーキングは一九七四年に、ブラックホールは黒くないことを示して有名になった。ブラックホールといえども、その質量に特徴的な温度の放射（光）を出しているというのである。この発見がなぜそれほど驚きだったかといえば、そもそもブラックホールという名前がついたのは、その表面における重力場があまりにも強いため、内部にあるものは、たとえ光であろうと逃げ出せないからだった。そんなブラックホールが、どうして放射を出せるというのだろうか？　ホーキングは、ブラックホールのような強い重力場があるところでは、古典物理学による考察から導かれる結果は、量子力学の法則によって回避できることを示したのである。

量子力学では、古典物理学の「不可能定理」が回避されることはめずらしくない。たとえば、古典的に考えれば、二つの山脈に挟まれた谷間にいる人は、どちらかの山に登らないかぎり隣の谷にはたどり着けない。ところが量子力学では、原子内の電子のエネルギーが、原子から逃げ出すために必要なエネルギー（古典物理学の原理に従って計算したもの）より小さくとも、電子は「トンネルを抜ける」ようにして原子の電場から逃げ出せるのである。

この現象の例としてよく取りあげられるのが「放射性崩壊」だ。原子の奥深く、原子核の内部に存在する粒子（陽子と中性子）の状態が突然に変化することがある。このとき、量子力学によれば、それぞれの原子や原子核の特徴に応じて、いくつかの粒子が原子核から逃げ出せることがわかるのである（古典的に考えれば、すべての粒子は永遠に原子核の内部に縛られていなければならない）。

もうひとつ例を挙げよう。窓に向かってボールを投げれば、ボールに十分なエネルギーがあるため窓を割って飛び出すか、あるいはエネルギーが足りないため窓で跳ね返されるかのどちらかである。しかし、もしボールのサイズが十分に小さくて、その挙動が量子力学の原理に支配されるならば話は変わってくる。たとえば、薄い壁にぶつかった電子は、なんとその両方のことをやってのけるのだ！　身近な例を挙げると、鏡のような物質の表面に光が当たれば、普通は反射される。しかし鏡が十分に薄ければ、大部分は反射されるにしても、いくらかは鏡を「トンネルを抜けるようにして」反対側に現れるのである（この奇妙な振る舞いを支配しているルールについては後で説明する。今はそういうものとして受け入れてほしい）。

ホーキングは、これと同じ現象がブラックホールの近くでも起こることを示した。粒子は「トンネルを抜けるようにして」、ブラックホール表面にできた重力の壁から逃げ出せるのである。ホーキングの証明は、量子力学の法則を一般相対性理論と一緒に用いて、新しい現象をはじめて予測するという大仕事だった。しかしそれができたのも、水素原子の場合と同様、ブラックホール周辺にある粒子の量子力学的状態が「分離可能」だったおかげである。三次元の計算を、一次元と二次元の問題に分離することができたのだ。もしもこの簡単化が行なえなかったら、ブラックホールはおそらく今も闇の中だったろう。

こうした具体的なエピソードは面白いけれど、ここに挙げた例は氷山の一角でしかない。物理学者たちが新しい法則を発見するときに毎度同じ手を使うほんとうの理由は、人間の特性というよりもむしろ自然の特性なのである。同じことを繰り返しているのは自然のほうなのだ。そのため、チェックを入れてみればたいがいの場合、新しい物理学が実は古い物理学の焼き直しだったと判明することになる。万有引力を発見したニュートンは、ガリレオの観測結果と解析とに大きな恩恵をこうむった。また、デンマークの天文学者ティコ・ブラーエの注意深い観測データや、ブラーエの弟子であるヨハネス・ケプラー（ガリレオの同時代人）によるデータの解析にも多くを負っている。

ブラーエとケプラーは、ともに特筆すべき性格の持ち主だった。ブラーエは恵まれた環境に育ち、一五七二年に超新星を観測してからは、ヨーロッパでもっとも有名な天文学者となった。ブラーエはデンマーク王フレデリック二世から島をまるごとひとつもらって天文台を建設したが、数年後にはフレデリック二世の後継者により、その島から追い出されることになった。横柄《おうへい》な性格（と金属製の義鼻）にもかかわらず、あるいはむしろそのおかげで、ブラーエはわずか十年のあいだに、それまで千年間も進歩のなかった天体測定の精度を十倍も向上させた——それも望遠鏡なしに！　ブラーエは、デンマークを逃れて移り住んだプラハでケプラーを雇ったが、その翌年には死んでしまった。跡を継いだケプラーは複雑な計算をやり遂げ、ブラーエの残した詳細な天体運動の観測データを、首尾一貫した宇宙論にしたのだった。

一方、ケプラーの生い立ちは、ブラーエのそれとは天と地ほども違っていた。貧しい家庭に生まれたケプラーは、経済的にも精神的にも、つねにぎりぎりの生活を強《し》いられた。ケプラーは研究のかたわら、魔女の嫌疑をかけられた母親を守ったり、月旅行をテーマとする最初のSFともいうべき作品を書いたりもしている。こうしてさまざまな活動に手を染めながら、ケプラーは並はずれた情熱を傾けて、ブラーエの残したデータの解析に取り組んだのだった。スーパーコンピューターはもちろんマッキントッシュすらないところで、ケプラーは人生のかなりの部分をつぎ込み、おそろしく複雑なデータ解析を奇跡のようにやり遂げた。そして、惑星の位置が延々《えんえん》と書きつけられた表から、惑星運動に関する三つの法則を見出したのである。ケプラーの名を冠したそれらの法則が重要な鍵となり、ニュートンは重力の謎を解き明かすことになった。

ケプラーの第二法則――「惑星が一定時間内に掃《は》く面積は等しい」――についてはすでに説明したし、ニュートンがこの法則を用いて、惑星を太陽のほうに引き寄せる力が存在すると主張した経緯にも触れた。(＊)しかし、今日われわれはこの万有引力の考えかたにあまりにも慣れすぎているため、これが当時としてはどれほど直観に反していたかについて、ひとこと述べておく価値はあるだろう。

ニュートンが現れるまでの数世紀にわたり、惑星が太陽の周囲をめぐるのは、何らかの物質が惑星を「押して」いるからだろうと考えられていた。しかしニュートンは、ガリレオの等速度運動の法則から、そう考える必要はないことに気づいたのだった。さらに彼は、ガリレオの得た結果、すなわち、空中に放り投げられた物体は放物線を描くことと、水平方向の速度は一定であることから、十分に大きな速度で放り投げられた物体は、地球を周回できると主張した。地球の表面は曲がっているから、物体は地球に向かって「落下」しつづけることができる。そしてはじめの速度が十分に大きければ、水平方向の速度は一定なので、物体は落下しながらも、地球からの距離を一定に保つことが

（＊）訳注　ちなみにケプラーの第一法則は、「惑星は、太陽を焦点のひとつとする楕円軌道を描く」というもの。

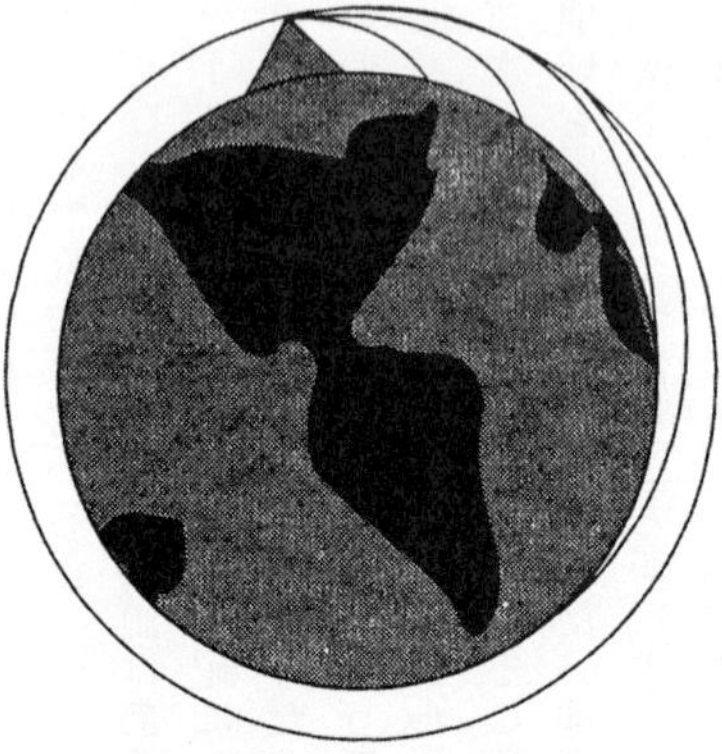

できるのである。これを説明する上の図は、ニュートンの『プリンキピア』からの転載である。

物体を地球に引き寄せる力のおかげで、物体は地球に向かって永遠に落下することができることに気づいてしまえば（それを「軌道に乗る」という）、太陽の周囲をめぐる惑星は、なんらかの物質に押されているのではなく、太陽に引き寄せられているのだと気づくまでには、それほど大きな想像力の飛躍はいらなかった（ちなみに、宇宙飛行士が無重力状態を経験するのは、軌道上の物体はたえず「落下」しているからである。無重力状態は、「重力のない」状態ではない。実は、人工衛星やスペースシャトルが飛んでいるあたりの重力は、地球上とあまり変わらないのである）。

さらに、惑星運動に関するもうひとつのケプラーの法則（第三法則）というボーナスもあった。この法則は、物体どうしが引きあう重力の謎を解くための、量的な関係を与えてくれる鍵だった。なぜならその法則は、各惑星の一年（惑星が太陽の周囲をひとめぐりするのにかかる時間）と、惑星から太陽までの距離とのあいだに数学的な関係をつけるからである。その関係から、太陽の周囲をめぐる惑星の速度は、太陽からの距離と一定の関係にあることが容易に導ける。具体的に言うと、ケプラーの法則は、「惑星の速度は、太陽からの距離の平方根に反比例して減少する」ことを示したのである。

ケプラーの法則から得られるこの情報と、ガリレオの結果（「物体の加速度は、物体に加えられた力に比例する」）を自分なりに一般化したものとで武装したニュートンは、惑星を太陽に引き寄せている力が、惑星の質量と太陽の質量の積を、惑星－太陽間の距離の二乗で割ったものに比例するならば、ケプラーの速度法則はそこから自然に導かれることを示した。さらにニュートンはその比例定数が、太陽の質量と、重力の強さ（単位質量あたりの力の大きさ）との積になることを示した。物体どうしが引きあう力の大きさが、物体によらずつねに同じならば、それは定数で表わせる。今日この定数（重力定数）は、Gという文字で表わされている。

当時、重力定数Gの大きさを直接測定することはできなかった。しかしニュートンはGの大きさを知らなくとも、自説の正しさを証明することができた。彼は、月を地球のまわりに引き留めている力は、惑星を太陽のまわりに引き留めている力と同じであるに違いないと考え、予測された月の運動（物体が地球上で受ける加速度から類推《るいすい》して予測を立てた）と、実際に測定された運動（月が地球のまわりを一巡するのにおよそ二十八日かかる）とを比較してみたのである。結果はみごとに一致した。さらに、木星の衛星（ガリレオがはじめて望遠鏡を使って発見したもの）も、やはりケプラーの法則に従って木星の周囲をめぐっていることが示され、ニュートンの法則の普遍性に疑問の余地はなくなった。

私がこの話をしたのは、物体（惑星）が「どのように」運動するかを観測するだけで、「なぜ」運動するのかも、「運動を支配する法則」というかたちで明らかになるという話を繰り返すためだけではない。それに加えて、こうして得られた成果が、今日の研究にも利用されているという話をしたかったからである。そこでまず、ニュートンが重力法則を発見してからおよそ百五十年後、イギリスの科学者ヘンリー・キャベンディッシュが打ち立てたみごとな先例の話をしよう。

私は、博士号を取得し、ハーバード大学でポストドクトラル・フェローになるとすぐに貴重な教訓を得た。科学論文を書くときには、人の興味を引くようなタイトルをつけることが重要だということだ。これは科学における新発見かと思ったが、実際には、少なくとも一七九八年のキャベンディッシュにさかのぼる科学の伝統だったのである。

キャベンディッシュは、既知の質量をもつ二つの物体間に働く重力をはじめて実測した物理学者として記憶されている。キャベンディッシュはこの実験により、史上初めて重力の大きさを測定し、Gの値を決定したのである。王立協会にその結果を発表するとき、キャベンディッシュは論文のタイトルを「重力の強さの測定について」としただろうか？　それとも「ニュートン定数Gの決定」だろうか？　否《いな》、彼はその論文のタイトルを「地球の重さを測る」にしたのだ。

キャベンディッシュがこんな奇抜なタイトルをつけたのには、それなりの理由があった。当時すでに、ニュートンの重力法則は広く受け入れられ、月が地球の周囲をめぐるのは重力のためだという仮定もまた当然のように受け入れられていた。月までの距離は測定され（そのためには、水平線と月がなす角度を二カ所で同時に測定すればよく、それは十七世紀でも容易にできた。これと同じテクニックは地球上の測量にも使われている）、また月の軌道周期（およそ二十八日）がわかれば、地球の周囲をめぐる月の速度は簡単に計算できる。

もう一度繰り返すが、ニュートンの偉大な成功は、ケプラーの法則を、「太陽の周囲をめぐる物体の速度は、太陽と物体との距離の平方根に反比例する」という言葉で説明したことだけではない。ニュートンは、このひとつの法則が、月の運動にも、地上で落下する物体の運動にも、等しく適用できることを示したのである。ニュートンの重力法則では、その比例定数が、月の運動の場合には（G×太陽質量）であり、地上の物体の場合は（G×地球の質量）になることを意味する（実を言えば、ニュートンはこの二つのGが同じ値にあることは一度も証明していない。これは、ものごとは単純であるはずだという仮定と、地上の落下物体と月とでGの値は同じであるらしいという観測結果と、惑星の軌道運動のGはどの惑星も同じであるらしいという観測結果の上に成り立つ、ひとつの推測だった。それを単純に一般化して、すべての物体に対してGの値はひとつでよさそうだと考えたのである）。

ともあれ、地球から月までの距離と、地球の周囲をめぐる月の速度とがわかれば、ニュートンの法則から、Gと地球の質量との「積」を求めることができる。しかし、何か別の方法でGの値がわかるまでは、地球の重さを求めることはできない。つまり、ニュートンが重力法則を提案してから百五十年後、Gの値を史上はじめて決定したキャベンディッシュは、地球の質量もまたはじめて決定したことになるのである（地球の質量がわかった！　と言うほうがずっとワクワクするではないか）。

われわれがキャベンディッシュから受けた恩恵は、そそられるネーミングの重要性を知れという教訓だけではない。ニュートンの法則をとことん突き詰めて地球の重さを測るという、先駆的なテクニックにも恩恵をこうむっている。今日もっとも精度の高い太陽質量の測定結果は、まさにキャベンディッシュが使ったのと同じ方法で得られたものだ。つまり各惑星の距離と軌道速度を利用しているのである。実際、この方法は非常に優れているため、原理的には過去の惑星のデータを用いて、太陽質量を百万分の一の精度で測定することができる。あいにくニュートンの定数Gは、自然界の基本定数のなかでもっとも低い精度（わずか一万分の一ほど）でしかわかっていないため、太陽質量もまたその精度でしかわからない。

　しかしものごとがうまく行きはじめたら、途中でやめる手はない。われわれの太陽は（それゆえ太陽系も）銀河系の縁のほうをまわっており、銀河中心から太陽までの距離も（二万五千光年）、その軌道速度もわかっている（秒速およそ二百五十キロメートル）。これを使えば、銀河の「重さ」を求めることができる。実際にそれをやってみると、太陽系の軌道の内側には、ざっと太陽一千億個ぶんの質量が存在することがわかった。これはなかなか元気の出る結果だ。というのも、われわれの銀河が放出する光の総量もまた、太陽程度の星にして約一千億個ぶんだからである（この二つの観測結果は、われわれの銀河にはおよそ千億個の星があるという、前に述べたことの説明にもなっている）。

　これをさらに拡張して、銀河中心から遠く離れた天体の速度を観測したところ、驚くべきことが判明した。もしも銀河系の質量のすべてが、見た目どおりに、星の存在する領域に集まっているなら、遠い天体の速度はどんどん小さくなるはずだ。ところが、遠い天体を観測したところ、速度は一定にとどまることがわかったのである。このことから、星が輝いている領域の外側に、もっとたくさんの質量が存在することが示唆《しさ》される。実際、今日では、目に見える物質の少なくとも十倍もの質量が存在すると考えられている。もっと遠くまでニュートンの法則を適用し、銀河の運動や銀河団の運動を観測したところ、この結果はさらに裏づけられた。ニュートンの法則を使って宇宙の重さを測れば、なんとその九十パーセントは「暗黒」だということになるのだ。

宇宙の九十パーセントは「暗黒物質」らしいという観測結果は、現代物理学のもっとも胸躍《むねおど》る謎である。暗黒物質の正体を突き止めようとする科学者たちの努力をきちんと紹介しようとすれば、本を一冊書かなくてはならない（ちなみに、私はたまたまそのテーマの本を一冊出している）。しかし今は、そんな話もあると心に留めておいてもらえば十分である。私がここで示したいのは、暗黒物質というきわめて今日的な問題も、キャベンディッシュが二百年前に地球の重さをはじめて測定したのと同じ方法から出てきたということだ。

しかし読者のみなさんは、次のような疑問をもたれるかもしれない。どうして物理学者たちは、ニュートンの法則をそこまで拡張してもよいと思うのだろうか？　光を出さない（したがって目には見えない）新物質が必要だなどと、ずいぶん身勝手な要求ではないだろうか？　それよりはむしろ、銀河やそれ以上のスケールでは、ニュートンの法則は成り立たなくなると考えたほうがいいのではないか？　たしかに、暗黒物質を仮定するのは奇妙に思えるかもしれない。しかし物理学者にとっては、ニュートンの法則を捨てるよりも、暗黒物質の存在を仮定するほうが慎重な態度なのである。以下では、なぜそうなのかを説明したいと思う。

これまでのところ、この世に存在する事実上すべての物体の運動は、ニュートンの重力法則によって完璧に説明されてきた。その法則が大きなスケールでは成り立たなくなると考える理由はない。それに加えてニュートンの法則には、多くの難題を乗り越えてきたという実績があるのだ。

たとえば天王星が発見された後のこと、当時は太陽系のなかでいちばん遠くにあると考えられていたこの惑星の運動が、太陽やほかの惑星の引力を考慮したニュートンの重力法則では説明できないことがわかった。この事実を、万有引力の法則が成り立たなくなる最初の徴候と考えることもできただろう。しかしそう考えるよりも、観測された運動は、目に見えない「暗黒」の天体の影響によるものだと仮定するほうが話は簡単だったのだ。十八世紀には、ニュートンの法則を用いて、その暗黒の天体のあるべき位置が注意深く計算された。そしてその方角に望遠鏡を向けたところ、海王星が発見されたのである。同様に、海王星の運動の観測から、一九三〇年には冥王星が発見された。

もっと昔にも、使える法則はとことん使うことの有用性を教えてくれる例がある。一見すると法則に反しているようにみえる現象が、実は、法則そのものには直接関係のない、胸躍る新発見につながることはめずらしくない。たとえば十七世紀のデンマークの天文学者オーレ・レーマーは、木星の衛星の運動を観測していて奇妙な事実に気がついた。一年のある時期になると、衛星たちが木星の背後から姿を現す時刻が、ニュートンの法則から予測されるよりも四分ほど早くなるのだ。それから六カ月後には、衛星たちは四分遅れて現れるようになる。レーマーは、そうなるのはニュートンの法則が間違っているからではなく、光の速度が有限だからだろうと考えた。読者は、光が太陽から地球までの距離を進むために約八分かかることをご存知だろう。それゆえ地球は、一年のある時期には、太陽を挟んでその反対側にいる時期にくらべて、八光分(「光分」は光が一分間に進む距離)だけ木星に近づいているのである。こうしてレーマーは、光速が直接測定される二百年以上も前に、光の速度をかなり正確に求めることができたのだった。

地球や太陽の重さを測定したのと同じ方法で、もっと大きな宇宙の領域の重さを測ってもよいのかどうかはわからない。しかし現状では、それをやってもよいという立場に賭けるのが最善の策である。そのうえ、そちらに賭けるほうが進歩も期待できる。物理学の理論を反証するためには、しっかりした観測結果がひとつありさえすればいい。だが、銀河系をはじめとする銀河の内部にある天体の運動に関する観測結果は、決定的な証拠にはならないのである。天体の運動は、暗黒物質が存在すれば説明できるからだ。そして暗黒物質の存在は、現在、宇宙の大規模構造の形成にかかわる議論からも支持を得つつある。物理学者のこだわりに正当な根拠があるのかどうかは、今後多くの観測結果が明らかにしてくれるだろう。そしてその過程で、宇宙の大部分を作りあげている新物質が発見されるかもしれない。

暗黒物質に関する本を書いて以来、私はたくさんの手紙を受け取るようになった。手紙の主《ぬし》たちは大胆な新理論を打ち出して、私が説明したような観測結果は自分の理論を支持する決定的な証拠であり、「専門家」たちは心が狭いので、そういう新理論を考えつかないのだと主張していた。こういう人たちに対し、物理学における心の広さとは、しっかり検証された理論に対しては――それを乗り越えなければならないことが決定的に証明されるまでは――頑固に忠誠を尽くすことなのだと納得させることができればと思う。今世紀における大きな革命の大半は、古いアイディアを捨てることによってではなく、古いアイディアと新しい現象とをどうにか調停させようと試みることによって、そして、その過程で得られた知識をもとに実験上、あるいは理論上の謎に挑むことによって成し遂げられてきたのである。二十世紀のもっとも独創的な物理学者のひとりであるファインマンの言葉を借りれば、「科学的創造性とは、拘束衣《こうそくい》を着た想像力」なのだ。

たとえばアインシュタインの特殊相対性理論を考えてみよう。特殊相対性理論が、空間と時間の考えかたに根本的な見直しを迫ったことは否定すべくもない。しかしその一方でこの理論は、しっかりと確立された二つの物理法則を調停するという、それほど大それたことでもない試みのなかから生まれたのである。実際、アインシュタインの目的は、現代物理学と、三百年前に作られたガリレオの相対性原理とに折り合いをつけさせることだった。こう考えてみれば、アインシュタインの理論の基礎にある論理はずっとわかりやすくなる。

ガリレオは、「等速度運動が存在するなら、等速度運動をしているどの観測者から見ても（静止している観測者から見ても）物理法則は同じでなければならない」と論じた。ここから、「あなたが静止しているということは、どんな実験でも証明できない」という驚くべき結論が導かれる。ほかの観測者に対して等速度運動をしている観測者はみな、静止しているのは自分であって、ほかの人たちは動いていると主張できるのである。たとえば、誰でも経験したことがあると思うが、隣の線路に止まっていた電車が発車すると、すぐにはどちらの電車が動いているのかわからない（しかし、もしあなたがアメリカで列車に乗っているなら、どちらが動いているかはすぐにわかる。動いていればガタゴト揺れるからだ）。

十九世紀の傑出した物理学者ジェイムズ・クラーク・マックスウェルは、当時の偉大な発展であった電磁気学に最後の仕上げをした。電磁気学というのは、電流が生じる理

使えるものは、パクっても継ぎを当ててでも、とことん使え。

由から発電機やモーターの基礎となる法則まで、今日われわれの生活を支配している物理現象に首尾一貫した説明を与える理論である。この理論の栄冠は、なんといっても、光の存在を予測したことだろう。以下ではそれについて説明しよう。

十九世紀のはじめには、イギリスの科学者マイケル・ファラデーをはじめとする物理学者たちが、電気の力と磁気の力のあいだに驚くべき関係があることを見出していた。ファラデーは製本職人の徒弟《とてい》から身を起こし、イギリス科学の殿堂である王立研究所の看板教授にまでなった人物である。当時、これら二つの力は自然哲学者にはよく知られていたが、まったく別の力のように見えた。なるほど一見すれば同じ力とは思えない。たとえば磁気には、N極とS極という二つの極があり、N極とS極とは互いに引きあう。磁石を半分に切っても、N極だけ、S極だけを取り出すことはできず、両方の極をもった小さな磁石が二つできることになる。一方の電荷には、ベンジャミン・フランクリンが「正の電荷」、「負の電荷」と呼んだ二つのタイプがある。負の電荷と正の電荷は互いに引きあうが、磁石とは異なり、正の電荷と負の電荷は容易に分離することができる。

十九世紀の後半になると、電気と磁気の新たな結びつきが姿を現した。まずはじめに明らかになったのは、運動する電荷（つまり電流）によって、磁場（つまり磁石）が生じることだった。その後、磁石は電荷の運動経路を曲げることがわかった。さらに驚いたことに、運動する磁石は電場を作り、電流を流せることがわかったのだ（ファラデーと、彼とは別にアメリカの物理学者ジョセフ・ヘンリーの研究による)。

私はここで非常に興味深いエピソードを紹介せずにはいられない(後で取りあげる超伝導スーパーコライダーなどの計画が、政治的な議論になっている時代においてはなおさらだ)。王立研究所の教授であったファラデーは、「純粋」な研究をしていた。つまり、技術的な応用のことなど考えず、電気の力と磁気の力の基本的な性質を見出そうとしていたのである(当時はまだ、純粋と応用の区別はそれほど重要でなかっただろうが)。ところが実際には、現代テクノロジーのほとんどすべては、その研究(すべての電力を生み出している原理や、モーターの背後にある原理など)のおかげで可能になったのだ。

さて、ファラデーが王立研究所にいたとき、イギリスの首相が彼の実験室を訪れた。首相は、このわけのわからない研究を嘆き、実験室に作られたガラクタはいったい何の役に立つのかと尋ねた。ファラデーはそくざに、この研究の成果はきわめて重要で、いつの日か、女王陛下の政府はそれに税金をかけるようになるでしょうと答えた。そしてファラデーの言葉は現実になったのである。

十九世紀の半ばには、電気と磁気のあいだに根本的な関係があることが明らかになっていたが、多様な現象を統一的に捉えることはできなかった。マックスウェルの偉大な貢献は、電気の力と磁気の力を、ひとつの理論のなかで統一したことである。彼はこの二つの力が、実は同じコインの表と裏であることを示したのだ。とくに彼は、それまでの結果を拡張し、変化する電場は磁場を生み出し、変化する磁場は電場を生み出すことをきわめて一般的に論じた。それゆえ、もしもあなたが実験室の中で静止している電荷を測定すれば、もちろん電場が測定にかかるだろう。しかしあなたが同じ電荷のそばを走り抜けたとすれば、磁場も測定されるだろう。どちらの結果になるかは、あなたの運動状態による。ある人にとっての電場は、別の人にとっては磁場なのだ。電場と磁場とは、同じものの別の側面なのである。

もうひとつ、自然哲学にとってはこれと同じぐらい興味深い結果が得られた。もしも私が一個の電荷を激しく上下に動かせば（左右でも同じことなのではあるが）、電荷の運動（すなわち電流）が変化するのだから、磁場が生じるはずである。そこで、もしも電荷の運動をたえず変化させれば、変化する磁場ができることになる。この変化する磁場は、変化する電場を作るだろう。するとその変化する電場は……と次々に続いていく。つまり電磁気の波が、外向きに拡がっていくことになるのだ。

これは驚くべき結果である。さらに驚くべきことに、マックスウェルは、静止している電荷と運動している電荷とのあいだに作用する電気力と磁気力の測定値だけを用いて、この波が空間を伝わる速度を求めることに成功したのである。その結果はどうだったろう？　その波の速度は、なんと、測定されていた光の速度と一致したのだ。その後、これは驚くべき偶然の一致ではなく、光は電磁波の一種であり、その速度は自然界の二つの基本定数（荷電粒子のあいだに働く電気力の強さと、磁石どうしのあいだに働く磁気力の強さ）によって決まることが明らかになった。

　この進展が物理学にとってどれほど大きな意味をもっていたかは、いくら強調してもしすぎることはない。光の性質は、二十世紀物理学の大きな発展のほとんどすべてにおいて重要な役割を果たすことになった。しかし当面は、そのうちのひとつだけに注目することにしよう。アインシュタインは、電磁気学におけるマックスウェルの成果をよく知っていた。アインシュタインが偉大だったのは、マックスウェルが得た結果には、ガリレオの相対性を打ち壊すような根本的パラドックスが含まれていると気づいたことである。

　ガリレオの教えるところによれば、観測者が等速度運動をしているかぎり、物理学の法則はどこで測定しても同じになる。二人の観測者のうち、ひとりは一定の速度で川を下る船の中の実験室に、もうひとりは岸辺に設《もう》けた実験室にいたとしよう。このとき、それぞれの実験室に一メートル間隔で置かれた二つの電荷のあいだに働く電気力の強さは、どちらの実験室で測定しても同じ値になるはずである。同様に、一メートル離して置いた磁石のあいだに働く磁気力も、どちらの実験室で測定しても同じ値になるはずだ。

　しかしその一方で、マックスウェルの教えるところによれば、電荷を激しく振動させれば必ず電磁波が生み出され、その電磁波はつねに、電磁気学の法則によって定まる速度でわれわれから遠ざかっていく。したがって、船の中で電荷を振動させている観測者は、電磁波がこの速度で出ていくのを観測するだろう。同様に、岸辺で電荷を振動させている観測者も、同じスピードで（自分の電荷から）電磁波が出てゆくのを観測することになる。この二つの命題が矛盾しないのは、岸辺の観測者が船の観測者によって作られた電磁波の速度を測定した値と、岸辺の観測者が自分で作り出した電磁波の速度を測定した値とが異なる場合だけである。

しかしアインシュタインは、この考えには難点があることに気づいた。彼は次のような思考実験を提案した。私が光の波のすぐそばを、その波とほとんど同じ速度で飛んでいるとしよう。私は自分が静止しているものと考え、空間の一点を見つめている。すると電磁波（光の波）がゆっくりとその点を通り過ぎて行くのが見えるはずである（ガリレオの相対性原理が成り立つということは、実は、速度の加法法則が成り立つということである。このとき、私から見た光の速度は、私自身の速度が相殺されるため、ゆっくり進んでいるようにしか見えないことになる）。ところがその一方で、マックスウェルによれば、その点では電場と磁場が変化するのだから電磁波が生じ、物理法則によって定められた速度で四方に広がっていくはずなのだ。はたして私に見えるのは、ゆっくりと通り過ぎる波なのか、それとも定められた速度で伝わる波なのか。

アインシュタインはここで明らかな問題に直面した。相対性の原理を捨てるか、それとも電磁気と電磁波に関するマックスウェルの美しい理論を捨てるかだ。相対性の原理は、観測者が等速度運動をしているかぎり、どこで測定しようと物理法則は変わらないと述べている。そもそも物理学が理解可能なのもこの原理のおかげだった。そこでアインシュタインは——ここが真に革命的なところなのだが——どちらも捨てないことを選んだ。この二つの理論はどちらもきわめて堅実で、間違っているとは思えなかったからである。アインシュタインは、むしろ空間と時間のほうを考えなおすべきだという大胆な決断をした。そうすることで、この一見矛盾する二つの要請が、同時に満たされるのではないかと考えたのだ。

彼の解決策は驚くほど簡単だった。ガリレオとマックスウェルの両方が正しいといえるのは、二人の観測者が、自分の作り出した電磁波の速度を測定すればマックスウェルの予測する値になり、かつ、相手の作り出した電磁波の速度を測定すればやはり同じ値になる場合だけだ。そしてアインシュタインは、実際にそうなっているに違いないと考えたのである。

これだけを聞けば、とくに問題はなさそうだ。しかしちょっと考えてみよう。私のそばを走り過ぎる車の中で、子どもがゲロを吐いたとする。私に対するそのゲロの速度は、車の速度である時速九十キロに、車に対するゲロの速度である秒速一・五メートルを加えたものになる。他方、運転席に座った母親にとっては、ゲロの速度は秒速一・五メートルにしかならない（速度の加法法則が成り立つとはこういうことである）。ところが、その子どもがゲロではなく、レーザー光線を母親に向けて発射したとすれば話は違ってくる——というのが、アインシュタインの主張なのだ。特殊相対性理論によれば、私がレーザー光線の速度を測定すればマックスウェルの速度になり（「マックスウェルの速度」＋「時速九十キロ」ではない）、子どもの母親が測定した結果もやはりマックスウェルの速度になるのである。

そんなことが可能なのは、唯一、私とその母親の測定結果が同じになるように、空間と時間が自らを「調節」して伸び縮みする場合だけだ。結局のところ、速度を測定するということは、ある時間間隔のうちに、何かが移動する距離を測定することである。それゆえ、もしも車の中のものさしが私のものさしよりも短くなっていれば、あるいは、車の中の時計が私の時計よりもゆっくり時を刻むならば、私とその母親は、光線の速度として同じ値を記録することもありうる。実際、アインシュタインの理論によれば、ものさしは縮み、時計はゆっくりと時を刻むのである。そのうえこの理論は、ものごとは完全にお互《たが》い様《さま》になっていると述べている。つまり、車の中の女性から見れば、私のものさしが縮み、私の時計がゆっくり時を刻んでいるのである。

これはあまりにも馬鹿げた話に聞こえるので、一度説明を聞いたぐらいで信じる人はいない。実際、光の速度は誰が測定しても同じにならなければならないというアインシュタインの主張を完全に調べあげ、見かけのパラドックスを解決するためには、もっとずっと詳しい話をする必要がある。アインシュタインの主張のなかには、運動する時計はゆっくり時を刻むとか、運動する粒子は質量が大きくなったようにみえるとか、光の速度は究極の制限速度になっている（物理的な存在で、光速よりも大きな速度で運動できるものはない）といったものがあるが、今日これらは実際に観測されている。そしてこれらはみな、最初の主張から論理的に導くことができるのである。

これらすべての結果を導き出したアインシュタインには、不屈の精神と勇気があったに違いない。しかし彼にとって格別に困難だったのは、おそらく光速は一定だという最初の主張をするところだったろう。この主張をしたことは、アインシュタインの大胆さと創造性の証拠であるが、しかしそれができたのは、彼が既存の法則を捨てるのではなく、その枠組みのなかで創造的に生きる方法を見出したからだった。実際、アインシュタインの主張はあまりにも創造的すぎて、馬鹿げた話に聞こえるほどだ。

次章では、アインシュタインの法則がそれほど馬鹿げていないことを理解するにはどう考えたらいいかについて話すつもりである。しかし当面は、この話題はこのぐらいにしておこう。ただし、「アインシュタインだって、はじめは頭がおかしいと言われたんだぞ！」などと言って自分のアイディアを売り込みたい人にひとこと忠告しておこう。

アインシュタインは、実地の試練に耐えた物理法則が間違っているなどとは決して言わなかった。彼は、それらの物理法則から、従来気づかれていなかった意味が引き出せることを示したのである。

◇

特殊相対性理論と量子力学は、二十世紀に起こった他のどの発展にもまして、直観的な世界観の根本的見直しを迫るものだった。この二つの発展は、空間、時間、物質という、認識の柱に関する理解を変え、われわれの常識をゆるがした。二十世紀の残りの部分は、この変化の意味をつかむことに費やされたと言っても過言ではない。その過程で、理論そのものを作るために必要だった進取《しんしゅ》の気性《きしょう》に負けないぐらい、検証に耐えた物理学の原理への忠誠心が必要とされることになった。シェルター島会議のところで紹介した、量子力学と特殊相対性理論との微妙なつながりに関するエピソード（何もないところから粒子‐反粒子のペアが生成されるという話）は、そんな一例である。

量子力学という名前はこれまで何度も出てきたにもかかわらず、内容を詳しく説明しなかったのには十分な理由がある。ひとつには、量子力学が発見されるまでの道のりは、相対性理論の場合よりもはるかに紆余曲折《うよきょくせつ》があったからである。また、量子力学が適用される現象（原子や原子以下の物理学の領域で起こる現象）は、一般にあまりなじみがないこともある。しかし舞い上がった埃《ほこり》が静まった今となっては、量子力学もまた、たったひとつの単純な仮説から導かれることがわかっている。

その仮説もまた馬鹿げてみえる。ボールを空中に放り上げ、犬が六十メートル先でそれをくわえたとしよう。ボールが飛んで行くようすを見れば、ガリレオの力学によって予測されるとおりの軌跡を描くことがわかる。ところが、距離と飛行時間のスケールが小さくなるにつれて、この確かさがゆっくりと消えてゆくのだ。量子力学の法則は、物体がA地点からB地点に移動するとき、そのあいだのどこを通ったかは確定できないと主張しているのである。

これを聞いて、そんな主張はすぐにも反証できると思うのは自然な反応だろう。光を当ててやれば、その物体が「見える」ではないか？　A地点とB地点のあいだを光で照らせば、その物体――たとえば電子――を、A地点とB地点のあいだのC地点で検出できるはずだ。A地点とB地点のあいだにずらりと電子検出器を並べておけば、電子が通過した検出器がカチッと音をたてるだろう。

しかしこれほど簡単に反証できていいのだろうか？　実は、話はそれほど単純ではない。自然は老獪《ろうかい》なのである。電子などの粒子が通過すればたしかに検出はできるが、検出したほうも無傷ではすまない。いま仮に、電子のビームを、テレビスクリーンのような燐光スクリーンに当てたとしよう。電子が当たった場所は光を発する。次に、二本の細いスリットをつけた障壁をスクリーンの前に置く。電子がスクリーンにたどり着くためには、どちらかのスリットを通り抜けなければならない。各電子がどちらのスリットを通ったかを知るためには、各スリットのところに検出器を置けばよい。ところがここで驚くべきことが起こる。スリットを通り抜ける電子を測定しなければ、スクリーン上には特有のパターンが現れる。ところが電子を一個ずつ測定して、それぞれがどんな軌跡を描いたかを明らかにしようとすると、スクリーン上に見えるパターンが変化するのだ。測定を行なったために、結果が変わってしまうのである。したがって、検出した個々の電子については、どちらのスリットを通ったかを明示できるけれども、検出しなかった電子については何も言えないことになる。そして検出しなかった電子は、検出した電子とは明らかに異なる振る舞いをしているのだ。

こんなことが起こるのは、量子力学の法則により、自然界のプロセスを測定しようとすると、ある根本的なレベルで、本質的な不確定性（あいまいさ）が生じるためである。たとえば、運動する粒子の位置と速度とを同時に測定しようとしても、われわれの測定能力には絶対的な限界がある。位置と速度のどちらか一方を正確に測定すればするほど、もう一方のことは正確にはわからなくなる。測定という行為が対象を乱し、粒子の状態を変えてしまうからである。日常のスケールでは、そんな乱れは非常に小さいので気がつかないが、原子のスケールでは、系《けい》の乱れが重要になってくる。

「量子力学」という名前は、この理論が、「エネルギーはどれほど小さな量でもやりとりできるわけではなく、ある最小の塊《かたまり》、すなわち量子の倍数になっている」という考えを基礎としているところからきている。この最小の塊（エネルギー量子）の大きさは、原子内粒子のエネルギーとほぼ同程度である。そこで、そのような粒子を測定しようとすれば、粒子がはじめにもっていたエネルギーと同程度のエネルギーをもつ信号をやりとりしなければならない。したがって測定を行なえば粒子のエネルギーは変化し、運動状態もまた変化することになる。

ひとつの粒子系を長い時間にわたって何度も測定すれば、ときには測定のせいで系のエネルギーが変化することもあるにせよ、系の平均としてエネルギーはほぼ一定に保たれるだろう。このことから、もうひとつの有名な不確定性関係が得られる。それは、「系のエネルギーを精密に測定しようとすればするほど、長時間にわたって観測しなければならない」というものだ。

これらの不確定性関係は、量子力学的な振る舞いの本質を形成している。このことをはじめて明らかにしたのが、量子力学の創始者のひとりであるドイツの物理学者ヴェルナー・ハイゼンベルクだった。ハイゼンベルクは、一九二〇年代から一九三〇年代にかけて量子力学の発展にかかわった他の天才たちと同じく、じつに驚くべき物理学者だった。私の同僚のなかには、二十世紀の物理学に与えた影響においてハイゼンベルクを越えるのは、ひとりアインシュタインのみだと言う人もいる。しかし残念なことに、今日のハイゼンベルクの名声は、彼がナチス時代のドイツでも指導的科学者でありつづけたせいでいくぶん曇らされている。彼がナチス体制を支持し、戦争に協力したのかどうかはよくわからない。しかし多くの仲間たちとは異なり、積極的にナチスに刃向かったわけではなかった。

いずれにせよ、量子力学に関するハイゼンベルクの業績、とりわけ不確定性原理の発見は、われわれの物理的世界観を塗り変えるものだった。また、二十世紀物理学の成果のなかで、哲学に対してこれほど大きな影響を与えたものはほかにない。

ニュートン力学は、完全な決定論である。ニュートン力学の法則によれば、ある時刻における粒子系の（おそらくは人間の脳を作りあげている粒子系も）、すべての粒子の位置と運動とがわかりさえすれば、原理的には未来永劫までその系の振る舞いを予測できる（すなわち決定できる）。ところが量子力学の不確定性関係は、突如としてこれらいっさいを変えてしまった。系に含まれるすべての粒子の位置について正確な情報を与えてくれるようなスナップショットを撮れば、粒子がどこに向かおうとしているかに関する情報はすべて失うことになってしまうのだ。こうして決定論が崩れ去ったことにより（もはや原理的にさえ、すべての系の未来を厳密に予測することはできない）、自由意志の出番がくる――と考えた人は少なくなかった。

量子力学の原理は、物理学者以外の多くの人々――とりわけ哲学者――を興奮させた。しかしひとこと述べておく価値があると思うのは、量子力学にどんな哲学的意味があるにせよ、それは物理学にはほとんど影響しないということだ。物理学者はゲームのルールさえ考えればいいのである。そのルールとは、自然界には測定にまつわる本来的な不確定性が存在し、それは計算可能だということだ。不確定性が存在する理由を説明しようという試みにはさまざまな路線があるが、首尾一貫して矛盾がないのは、例によって数学的な記述だけである（そしてこの場合もまた、同等ではあるが形式の異なるものはたくさんある）。数学的定式化のなかでとくにイメージしやすい方法は、ほかならぬリチャード・ファインマンによるものである。

ファインマンが物理学になした大きな貢献のひとつに、数学でいう「経路積分《けいろせきぶん》」による量子力学の再解釈がある。経路積分を行なうには、前章で簡単に述べた、光に対するフェルマーの原理を用いる。経路積分は、はじめは単なる計算方法だったが、今ではあらゆる世代の物理学者たちが、自分たちが何をやっているのかをイメージするための道具になっている。経路積分は「虚数時間」という数学的テクニックの導入にもつながり、これについてはスティーヴン・ホーキングも『ホーキング、宇宙を語る』のなかで触れている。

ファインマンの経路積分は、物理的なプロセスを量子力学で計算するためのルールを

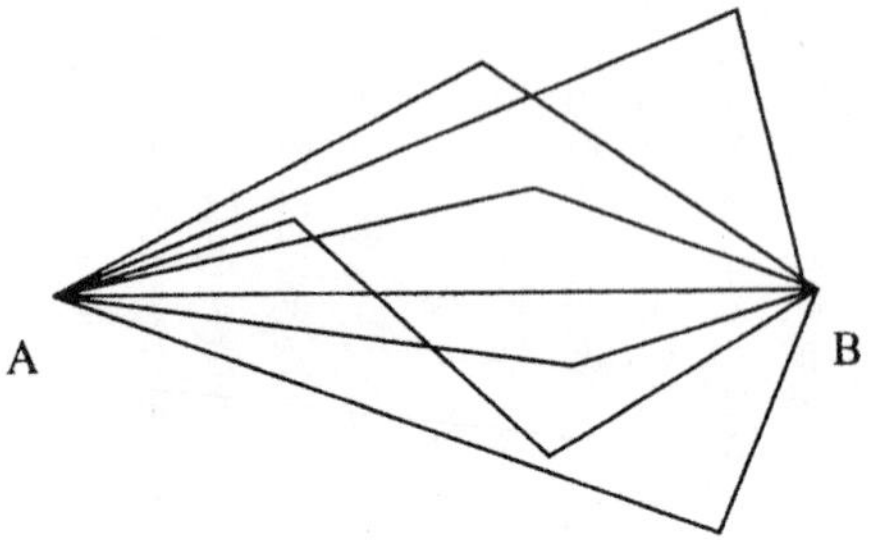

与える。そのルールは、「一個の粒子がA点からB点に移動するとき、この粒子が取りうるあらゆる可能な経路をすべて思い描け」というものだ（上図）。

それぞれの経路に対し、粒子がその経路をとる確率のようなものを考える。この方法で注意を要するのは、与えられた経路に付随する確率を計算する部分である。虚数時間などの数学的道具はそのために用いられる。しかしここでその話をするつもりはない。さて実際に確率を計算してみると、巨視的な物体（量子力学的効果が重要になるスケールにくらべて大きな物体）では、ひとつの経路だけがずばぬけて大きな確率をもち、ほかの経路は無視してもよいことがわかる。古典力学の法則によって予測されるのは、まさにその経路なのである。巨視的な物体の運動が、古典力学によって非常によく記述されるのは、このためだったのだ。一方、量子力学の予測と古典力学の予測とが大きく食い違うスケールでは、いくつかの経路が同程度の確率をもつようになる。この場合、一個の粒子が点Aから点Bに進む最終的な確率を求めるためには、どれかひとつの経路だけでなく、すべての可能な経路に対する確率の和を求めなければならない。

量子力学を、古典力学と根本的に異なるものにしているのは、こうして計算される確率が、われわれがふつうに定義する物理的な確率とは、ひとつの点において異なっていることだ。ふつうの確率は必ず正の値をもつが、量子力学において各経路に付随する確率は、負の値になることがある。それどころか、「虚数（二乗したものが負になるような数）」になることさえあるのだ。（虚数の確率などというものを考えたくないなら、「時間」が虚数であるような世界を考えればよい。虚数時間の世界でなら、すべての確率は正の値になる。しかしこの件についてこれ以上説明する必要はないだろう。虚数時間は、量子力学の数学を扱うために役立つ道具にすぎず、それ以上のものではない）。というのは、最終的に、ほんとうの（実数の）物理的確率を計算するには何も問題はない。というのは、量子力学の法則は、個々の経路に対する量子力学的確率を加えたなら、実際の物理的確率が正の数になるようなやりかたで、それを二乗せよと教えているからである。

ここで重要なのは、個々の確率はゼロではないが、確率の和はゼロになるような二つ

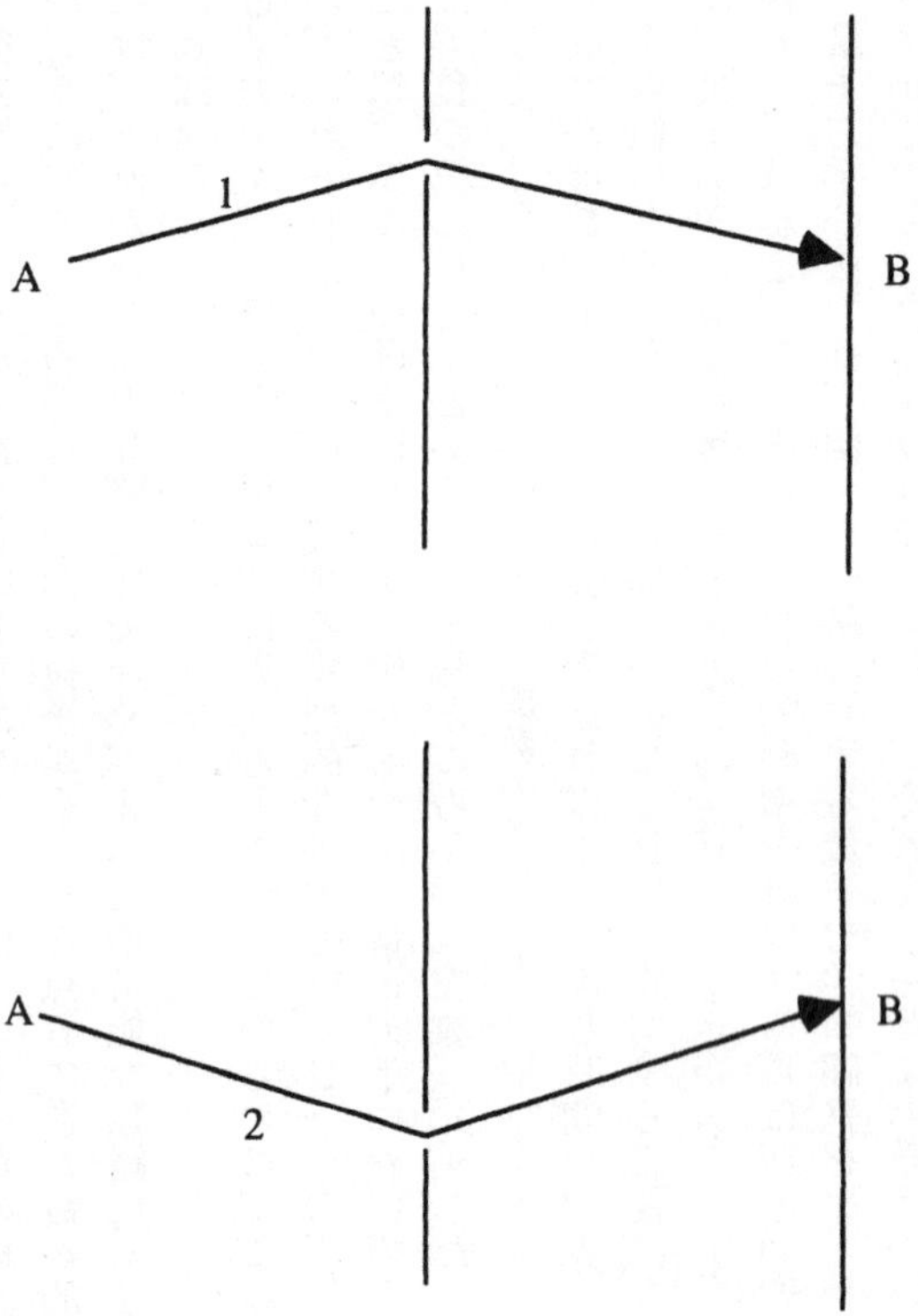
1
A
B
A
B
2

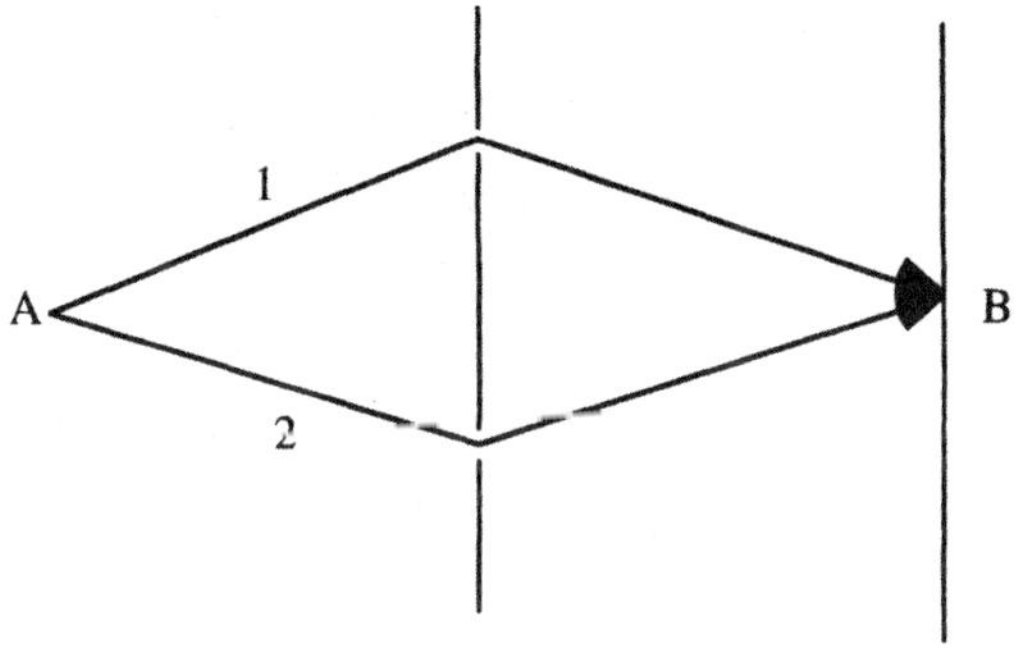

の経路がありうるということだ。それはまさに、二つのスリットを通り抜けてスクリーンにたどりつく電子の身に起こることである。スクリーン上の一点を考え、一方のスリットを閉じれば、電子が開いているほうのスリットを通ってA点からB点に達するゼロではない確率が得られる（前頁上図）。
同様に、他方のスリットを閉じても、AからBに到るゼロではない確率が得られる（前頁下図）。
ところが、どちらの経路もとれるようにすると、それぞれの経路に付随する量子力学的確率を加えて得られる最終的な確率は、ゼロになりうるのである（上図）。
これに対する物理的な現象は簡単なものだ。どちらかのスリットを閉じて、一個ずつ電子を送り出していくと、スクリーン上のB点には明るい点が現れる。ところが、両方のスリットを開けておくと、B点は暗いままなのだ。たとえスクリーンに向かう電子が一度に一個だけになるように調節しても、B点に粒子が到達する確率は、両方の経路が取れるかどうかに左右されるのである――まるで一個の電子が二つのスリットを通り抜けてでもいるかのように！

そこで、一個の電子がほんとうに両方のスリットを通り抜けたのかどうかを確かめるために、一方のスリットに検出器を置いてみる。すると電子はどれも、どちらか一方のスリットを通過していることがわかる。ところがこのとき、B点は明るくなってしまうのだ。電子を検出すること、つまり、どちらかのスリットでむりやり姿を捉えることは、一方のスリットを閉じることと同じ効果をもつ。それは、最初に設定したルールを変えることなのだ。

以上、いわゆる「二重スリット」の現象をやや詳しく説明したのは、原子スケールでの基本的な現象を読者に紹介するためだけではない。むしろ私は、奇妙ではあるが検証に耐えたこの結果にどこまでも食い下がり、それと同時に特殊相対性理論にも固執すれば、ある重大な結論を認めざるをえなくなるという話をしたいのである。その結論は、それを予測した人たちにとってさえ容易には受け入れられないものだった。物理学は、検証に耐えた理論を極限まで押し進めることによって進歩するのであり、少し苦しくなったぐらいでそれを捨ててはいけないのである。

もしも電子が、自分の取りうるすべての経路を「探りながら」進んでいると考えるなら（われわれにはそれを調べる手段はないが）、それらの軌跡のなかには「不可能」なものが含まれるかもしれない。とくに、たとえ粒子の位置を立て続けに測定したとしても、不確定性原理から、ある測定時刻と次の測定時刻のあいだの速度は不確定なのだから、きわめて短時間、粒子は光速よりも大きな速度で移動しているかもしれない。ところで、「物体が光速より大きな速度で移動するところを観測されることはない」というのは、アインシュタインが提案した空間と時間のあいだの特殊な関係から導かれる基本的結論のひとつである（思い出してほしいが、アインシュタインがその関係を提案したのは、光の速度がすべての観測者にとって同じでなければならないという条件を満たすためだった）。

こうしてわれわれは有名な問題に行き当たる。森のなかで一本の木が倒れたとき、もしもその音を聞く人がいなかったとしたら、音はしたと言えるのだろうか？　あるいは次の状況のほうが今の話にはぴったりかもしれない。一個の素粒子の平均速度を測定したところ、その値は光速よりも小さかった。しかしその粒子が、測定できないほど短い時間、光速よりも大きな速度で運動していたとすると、そのことは観測結果に影響を及ぼすだろうか？　答はどちらも「イエス」である。つまり、木が倒れれば音はするし、光速より大きな速度での運動は観測結果に影響を及ぼすのである。

特殊相対性理論は、空間と時間とを密接に関係づけ、そのために物体の最高速度が制限されることになった。速度は、ある時間のあいだに何かが移動する距離のことである。この時間と空間の新しい関係から、ある結論が不可避的に導かれる。それは、物体が光速よりも大きな速度で移動するのを観測する人たちがいるとすると、その物体が時間を逆向きに移動するのを観測する別の人たちがいるはずだということだ。これが、光速より大きな速度での移動が禁止されるひとつの理由である（さもなければ因果律《いんがりつ》が崩れてしまうからである。そして、SF作家なら誰でも知っているように、まだ生まれていない私が祖母を撃ち殺してしまうといった、とうてい受け入れられない可能性が生じる）。

さて量子力学によれば、測定できないほど短い時間なら、原理的には、粒子は光速よりも大きな速度で移動できそうである。そんな大きな速度は測定できないという条件下では、このことは相対性理論と矛盾しない。しかし、量子力学が特殊相対性理論と一貫して矛盾しないためには、きわめて短い時間なら（たとえそれを測定することはできないとしても）、粒子は時間を逆向きに進んでいるかのように振る舞うことができなければならない。

これは実際上、何を意味しているのだろうか？　それを考えるために、仮想的な観測者が、粒子が短い時間で速度を変えるようすを見ていたとしよう。そのときの粒子の軌跡は次頁上図のようになる。

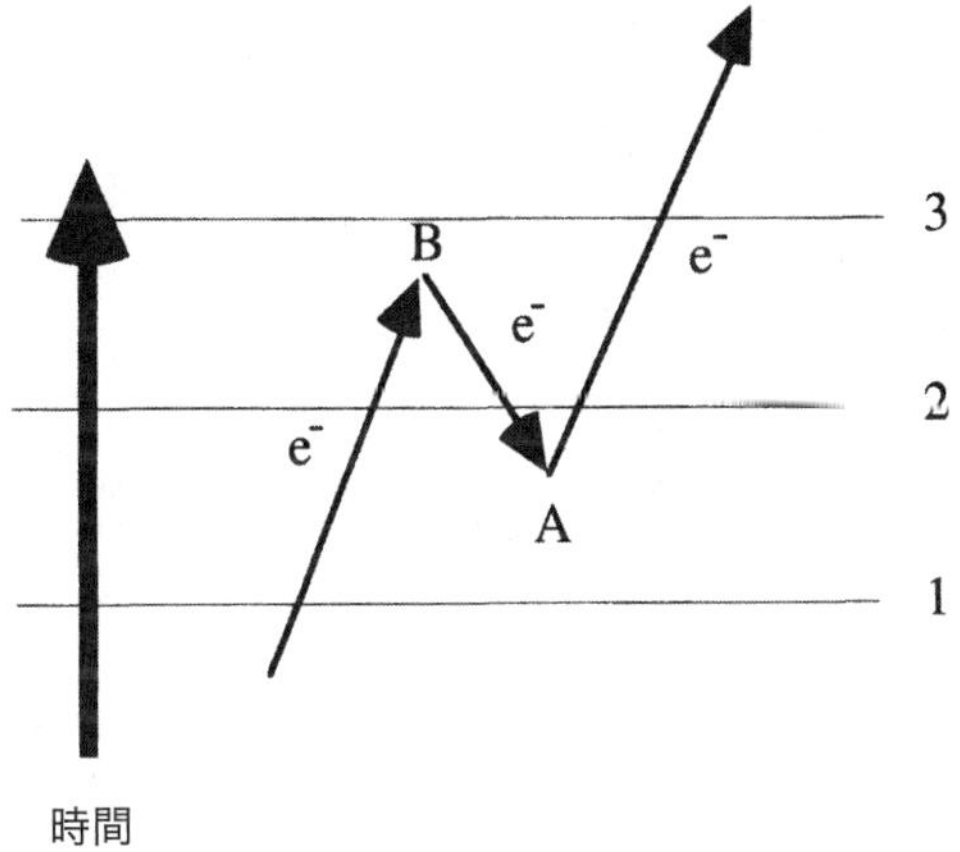
3
B
e⁻
e⁻
2
e⁻
A
1
時間

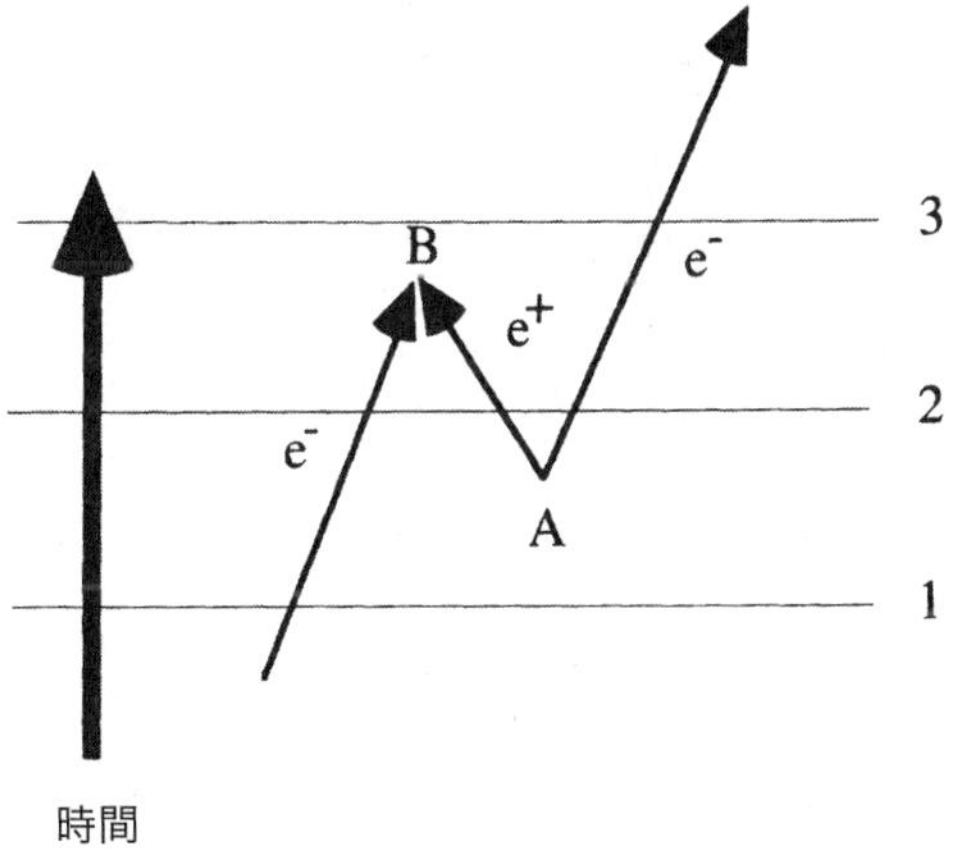
3
B
e⁻
e⁺
2
e⁻
A
1
時間

この観測者は三つの時刻に観測を行ない、その結果を1、2、3とラベルづけしたとしよう。このとき、時刻1には一個の粒子が、時刻2には三個の粒子が、時刻3にはふたたび一個の粒子が観測される。つまり任意の時刻に存在する粒子の個数は、一定ではないのである。電子が一個だけで運動していることもあれば、仲間を二個引き連れていることもある。ただしその場合、三個の粒子のうち一個は、時間を逆向きに運動しているように見えるのだ。

しかし、電子が「時間を逆向きに運動する」とはどういう意味だろうか？　ある粒子が電子かどうかを知るためには、その質量と電荷を測定すればよい（電子ならば電荷は負である）。ある時刻にB地点に存在した電子が、それ以前の時刻に存在したA地点に向かって移動したとすれば、時間を過去に向かってたどる観測者にとっては、負の電荷が左から右へと移動したことになる。しかし、時間を前向きにたどる観測者にとっては（ふつうの観測者はみなそうする）、それは右から左に流れる「正」の電荷として記録されるのである。こうしてふつうの観測者は、時刻1と時刻3のあいだに、実際に三個の粒子が存在するのを観測する。三個とも時間を前向きに移動しているように見えるが、そのうちの一個は、電子と同じ質量と、（負ではなく）正の電荷をもつ。こうして、前の図に示した一連のできごとは、前頁の下図のように描かれる。

この観点から見ると、この図は上の図ほど奇妙ではなくなる。観測者は時刻1で、一個の電子が左から右に移動するのを見る。時刻1と2のあいだのA地点では、突然何もないところから粒子のペアが出現する。ペアの一方は、正の電荷をもって左に向かい、もう一方は負の電荷をもって右に向かう。そしてB地点で、正の電荷をもつ粒子と負の電子をもつ（もとからある）電子が衝突して消滅し、さきほど生まれた電子だけが左から右に旅を続ける。

すでに述べたように、はじめの電子の速度を、時刻1から時刻3までの短い時間で実際に測定できる観測者はいない。それゆえ物理的な観測者は誰であれ、何もないところから粒子が自発的に「生成」されるようすを直接的に観測することはできない。それははじめの粒子が光速よりも大きな速度で移動するのを観測できないのと同じことである。しかし直接に観測できようができまいが、量子力学の法則によれば（特殊相対性理論と矛盾しないかぎり）粒子のペアが、直接的には測定できないほど短い時間では、自発的に生まれたり消滅したりできなければならない。われわれはそのような粒子を、仮想粒子と呼んでいる。第1章で述べたように、右に示したプロセスは直接的には観測できないが、観測可能なプロセスに間接的な足跡を残す。それを計算したのが、ベーテとその仲間たちだった。

◇

電子にあてはまる量子力学の法則と特殊相対性理論とを融合させた方程式を、一九二八年にはじめて書き下ろしたのは、無口なことで知られるイギリスの物理学者、ポール・エイドリアン・モーリス・ディラックだった。ディラックは、その数年前に量子力学の法則を発見するにあたって力のあったグループの一員であり、のちには数学のルーカス教授職に就《つ》いている——それは今日《こんにち》ホーキングが、そしてかつてはニュートンが就いたケンブリッジ大学のポストである。量子力学と特殊相対性理論とを合体させたその理論は、「量子電気力学」と呼ばれ、有名なシェルター島会議のテーマにもなった。しかしこの理論が完全に理解されるようになったのは、それから約二十年後、ファインマンらが成し遂げた仕事のおかげだった。

ディラックとファインマンほどタイプの違う物理学者もいないだろう。ファインマンが外向的であるのと同じぐらい、ディラックは内向的だった。ディラックは、イギリスのブリストルに住むスイス人フランス語教師の家庭に、三人きょうだいのまんなかとして生まれた。父親は息子にフランス語を覚えさせようと、自分に話しかけるときは必ずフランス語を使うように言った。幼いポールは、父が定めたこのルールに従わざるをえなかった。フランス語ではうまく自己表現できなかったポールは、むしろ口をきかないことを選び、その性向は生涯続くことになったのである。

ケンブリッジで博士号を取ったディラックは、当時もっとも有名な物理学者だった二ールス・ボーアが所長を務めるコペンハーゲンの物理学研究所に向かった。ディラックが来てしばらくしたころ、ボーアはイギリスの物理学者ラザフォード卿を訪問し、新入りの若い研究者がコペンハーゲンに来てから一言も口をきかないとこぼした。ラザフォードはボーアに次のような話をして、ディラックをとりなしたという。

ひとりの男が店に入り、オウムを買いたいと言った。店員は三羽のオウムを男に見せた。最初のオウムは、黄色と白のあざやかな羽をもち、語彙は三百。男が値段を尋ねると、店員は五千ドルと答えた。二番めのオウムはさらにあざやかな羽をもち、なんと四カ国語を話すという。そこで値段を尋ねると、二万五千ドルという答が返ってきた。男は三番めのオウムにちらりと目をやった。少しみすぼらしい姿をして、籠の中でじっとしている。この鳥は何カ国語を話せるのかね、と尋ねると、店員は「一カ国語も話せません」という。男は、それなら安いだろうと思って値段を尋ねた。答は「十万ドル」。「なんだって?」男は、まさかといわんばかりに聞き返した。だいたい羽も美しいとは言えないし、おしゃべりの点でも二番めの鳥に遠く及ばない。いったいどうしてそんな高い値がつくというのか? すると店員はにっこり微笑んでこう答えた。「この鳥は、考えるのです」

それはともかく、ディラックは視覚的に物理学をやるタイプではなかった。むしろ数式をいじっているほうが性《しょう》に合っており、量子力学的で特殊相対論的な電子の振る舞いを正しく記述する驚くべき関係を見出したのも、一組の方程式を何年ものあいだいじくりまわした末のことだった。すぐに明らかになったのは、この方程式が、電子とペアになる粒子（仮想粒子）の存在を予測するだけでなく、その粒子が一個の粒子として実在しなければならないと予測することだった。

当時、正の電荷をもつ粒子として自然界に存在することが知られていたのは、陽子だけだった。ディラックと仲間たちは、この方程式が原子レベルの多くの現象を正しく予測することに気づいたが、しかしその一方で、当時の正統的な説からあまり逸脱したくはなかった。そこで彼らは、陽子こそは、この理論が存在を予測する正の電荷をもつ粒子だろうと考えた。唯一の問題は、陽子の質量が電子のそれよりも二千倍ほど大きいことだった。ディラックの理論をそのまま解釈すれば、問題の粒子は、電子と同じ質量をもたなければならなかったのだ。

これは、物理的世界に関してよく考え抜かれた二つの理論を突き詰めると、パラドックスに陥るという例である。相対性理論が、ガリレオのアイディアと電磁気学とを統一したときも、これと同様の状況があった。しかし一九二八年当時の物理学者たちは、アインシュタインとは異なり、自分たちの理論を立証するような新しい現象があるはずだとまで言う覚悟はなかった。

ようやく一九三二年になって、宇宙線の観測をしていたアメリカの実験物理学者カール・アンダーソンが、偶然に異常なデータを発見した（宇宙線とは、たえず地球に衝突してくる高エネルギーの粒子で、その起源は太陽のフレアのような近隣の出来事から、はるか遠い銀河の星の爆発までさまざまである）。その異常を説明するためには、正の電荷をもち、陽子よりは電子にずっと近い質量をもつ新粒子を考えるしかなかった。こうして、ディラックの理論によって予測されていた電子の「反粒子」、すなわち「陽電子」が発見されたのである。今日では、これと同じ量子力学と相対性理論の法則により、自然界のあらゆる荷電粒子に対して、質量が同じで電荷の符号が反対であるような反粒子が必ず存在することがわかっている。

ディラックは特殊相対論と量子力学を融合させたが、彼はその仕事の意味を受け入れることができなかった。その臆病さを反省して、彼は次のように言ったと伝えられている。「私の方程式は、私よりも賢かった」

これはディラックが発した数少ないつぶやきのひとつである。私がこのエピソードを紹介したのは、ここでもまた、物理学において画期的な成果が生まれるのは、現行のアイディアやテクニックを捨てることによってではなく、それらをとことん突き詰めて意味を探る勇気をもつことによってであることを示したかったからである。

私はこれまで、使えるアイディアはとことん突き詰めて使うというアイディアを、ということん突き詰めてきた。しかし、この章のタイトルを「創造的剽窃《ひょうせつ》」としたのは、古いアイディアを限界まで拡張しろという意味だけでなく、古いアイディアをまねして何にでも使ってみろと言いたかったからでもある。自然はいたるところで同じことを繰り返している。たとえば自然界の既知の力は四つだけだが（強い力、弱い力、電磁力、重力）、その四つの力はどれもみな非常によく似ている。まずニュートンの重力法則がある。自然界には重力のほかにもうひとつだけ電磁力という長距離力が存在するが、電子や陽子などの荷電粒子間に働くこの力は重力とそっくりで、「質量」を「電荷」に変えればほとんどそのままと言ってよい。例をひとつ挙げれば、いちばん簡単な原子である水素は、陽子とその周囲をめぐる電子でできているという古典的イメージは、地球とその周囲をめぐる月というイメージにぴったりと重なる。重力と電磁力とでは、力の強さは大きく異なり、それゆえ問題のスケールも異なる。しかしそれを別にすれば、太陽の周囲をめぐる惑星の運動を記述するために積み上げられてきた成果はすべて、陽子と電子の場合にもあてはまるのである。

月が地球の周囲をめぐる周期はおよそ一カ月だが、陽子の周囲をめぐる電子の周期はおよそ 10^{-15} 秒である。こんな簡単な観測結果でさえも、きわめて啓発的だ。原子から放出される可視光線の振動数は 10^{15} サイクル／秒程度であることから、原子内で軌道運動している電子と、放出される光とのあいだには何らかの関係があることが強く示唆される。そして実際、そこには関係があるのだ。

もちろん、電気力と重力には重要な違いもあり、電気力のほうが重力より豊かな現象をもつのはそのためである。まず、電荷には正と負という二つのタイプがあり、電気力は引きあうだけでなく反発もする。また、運動する電荷は磁気力の影響を受ける。すでに述べたように、このことから光は電磁波の一種であることが導かれたのだった。これらすべての現象を統一したのが電磁気学の理論である。そしてその電磁気学が、こんどは原子核内の粒子間に働く弱い相互作用のモデルになった。

弱い相互作用は、たいていの原子核反応に関係する力である。電磁気の理論と弱い相互作用の理論とはあまりにもよく似ているため、やがて物理学者たちは、この二つの理論は統一できることに気がついた。そうしてできた統一理論は、電磁気の理論の一般化になっていた。

四番めの力である強い力は、陽子と中性子を構成するクォーク間に働く力で、これもまた電磁力によく似ている。強い力の理論につけられた「量子色力学」という名前には、その類似性が反映されている――それは「量子電気力学」の子孫なのである。

最後に、これらの理論から得られた経験をもとに、ふたたびニュートンの重力理論に戻ってそれを一般化すれば、なんとアインシュタインの一般相対性理論が得られるのだ。物理学者シェルドン・グラショウの言葉を借りれば、物理学は、自らの尻尾を食べるウロボロスのように、ぐるりと一巡しているのである。

◇

本章をしめくくる話題として、物理学の遠くかけ離れた領域にも密接な関係があることを、生き生きと示してくれる例を挙げよう。ホットであると同時に詩的でもあるその例は、総額八十億ドルの予算でテキサス州ワクサハーシーに建設中の超伝導スーパーコライダー(SSC)と関係がある。八十億ドルという金額は、SSCをホットな話題にするのに十分だ。そしてこれが詩的だというのは、超伝導スーパーコライダーという名前が、この加速器建設の基礎となった知的遺産をほのめかすからである。

素粒子物理学の大規模な実験施設を訪れたことのある人はみな、優れた物理学者であり教育者でもあるヴィッキー(ヴィクター)・ヴァイスコップフ(*)の言葉の意味を実感しただろう。ヴィッキーはこういう施設を、二十世紀におけるゴシック大聖堂だと言ったのだ。たしかに、スケールの大きさという点でも、複雑さの点でも、十一世紀や十二世紀の巨大な教会建築に匹敵するのは、二十世紀においては素粒子物理学の実験施設だろう(大聖堂ほど長持ちするとは思えないが)。

超伝導スーパーコライダーは、テキサス州の田園地帯の地下三十メートルのところに置かれ、周囲の長さは約八十六キロほどになる予定である。四千個を越える巨大な超伝導磁石が、二本の陽子ビームをトンネルに沿って反対方向に導き、陽子の静止質量の一千万倍ものエネルギーでそれらを衝突させる。そして毎秒一千万回以上の衝突を起こさせ、一回衝突で平均千個以上の粒子が生成される予定である。

この巨大加速器の目的は、自然界における質量の起源を探ることである。現在のところ、なぜ素粒子は今のような質量をもつようになったのか、重い粒子もあれば軽い粒子もあるのはなぜなのか、質量ゼロの粒子が存在するのはなぜなのかはわかっていない。さまざまな理論的証拠から、SSCで手の届くあたりのエネルギー領域を探れば、これらの謎を解く鍵が得られるのではないかと言われている。

超伝導スーパーコライダーという名前がついた理由のひとつは、この加速器の中心部にたくさんの超伝導磁石が使われているからである。導線を低温にして超伝導状態にするという技術の助けがなければ、これほど強力な磁石は作れなかっただろう――少なくとも費用がかかりすぎていただろう。しかし、この名前がより深い意味でこの加速器にふさわしいことを理解するためには、八十年前のオランダはライデンの研究所に話を飛ばさなければならない。

そのころ、傑出したオランダ人実験物理学者H・カメルリン・オネスは、今日われわれが超伝導と呼んでいる驚くべき現象を発見した。どんな物質でも、温度を下げるにつ

（＊）訳注　二〇〇二年に亡くなった。

れて電流の受ける抵抗は小さくなっていく。その主な理由は、電流の流れを邪魔する物質中の原子や分子の運動が小さくなるからである。ところが、オネスが水銀をマイナス二百七十度にまで冷やしたところ、予想もしなかったことが起こった。電気抵抗が完全になくなったのである。ほとんどなくなったのではなく、完全になくなったのだ。そんな物質でコイルを作れば、いったん流れ出した電流は長時間にわたりそのまま流れつづけるだろう。電源を切っても電流は流れつづける。オネスはこの事実を示すために、超伝導状態の導線に電流が流れたままの状態で、ライデンにある彼の自宅からイギリスのケンブリッジまで運ぶというめざましい実験をやってみせた。

超伝導はそれから約半世紀のあいだ謎のままに留《とど》まったが、一九五七年、ジョン・バーディーン、レオン・クーパー、J・ロバート・シュリーファーが、この現象を説明する完全に微視的な理論を作りあげた。バーディーンはトランジスターの共同発明者として、すでに現代の科学技術に重要な貢献をしていた。バーディーンがクーパー、シュリーファーとともに一九七二年に受賞したノーベル物理学賞は、彼にとっては二度めのノーベル賞だった（私は先頃、物理学のある専門誌に寄せられた一通の手紙を読んだ。その手紙には、一九九二年にバーディーンが亡くなったとき、テレビがほとんど取りあげなかったのは遺憾だと書いてあった。バーディーンは、同一分野で二度ノーベル賞を受賞した唯一の人物であり、世界のありかたを変えた道具の共同発明者だ――ステレオやテレビ、ゲーム、コンピューターなどを機能させているのはトランジスターなのである。人々がこれらの道具から喜びを得るとき、バーディーンらが生み出したアイディアを思い起こすことができたらどんなに素敵だろう）。

実は、超伝導理論につながった重要なアイディアは、一九五〇年に、物理学者フリッツ・ロンドンによって提案されたものである。ロンドンは、この奇妙な振る舞いは、量子力学的現象によって引き起こされているのではないかと主張した。通常、量子力学はきわめて小さなスケールでしか影響を及ぼさない。ところが、突如としてそれが巨視的スケールに拡大されたのが超伝導ではないかというのだ。それはあたかも、伝導体内のすべての電子が（これらの電子は通常、伝導体を電源につないだときに電流となって流れだす）、突然に、巨視的な物体を支配する古典力学の法則ではなく、個々の電子を支配する量子力学の法則に支配された「コヒーレントな配位」として（つまり一団となって整然と）振る舞いはじめるようなものである。そしてすべての電子が、伝導体という巨視的物体の全体に広がったひとつの配位として振る舞うというなら、電流もまた、個個の電子の運動により生じる（そして、電子が障害物にぶつかって跳ね返ることにより抵抗が生じる）とは考えられなくなる。むしろ、伝導体全体に広がったコヒーレントな配位そのものが電荷を移動させていることになる。つまり、その配位が、すべての電子が静止している状態に対応することもあれば、すべての電子が一団となって運動している状態に対応する場合もあるということだ。

こんな現象が起こるのは、量子力学の重要な性質のためである。その性質は、有限な大きさの系にエネルギーをもち込んだり、有限な大きさの系からエネルギーを取り去ったりするとき、エネルギーの量は離散的な（とびとびの）値しかとれないというものだ。こんな性質があるため、有限な系の内部で一個の粒子がとりうるエネルギー状態もまた、連続的ではなく離散的になる。なぜなら、粒子が自分のエネルギー状態を変えるためにはエネルギーを吸収しなければならないが、エネルギーは離散的な値でしか吸収されないのだから、粒子のエネルギー状態もまた離散的にならざるをえないからである。では、系を構成するすべての粒子をひとつの箱に入れたらどうなるだろうか？　粒子がとりうるエネルギー状態がたくさんあるなら、平均すれば、粒子は別々の離散状態を占めることになりそうだ。ところが特殊な状況下では、すべての粒子が同じひとつの状態を占めようとするのである。

なぜそうなるかを理解するために、誰しも身に覚えのある例を取りあげよう。満員の映画館でコメディー映画を見て、この映画はなかなか面白いと思う。そこでビデオを借りて、家でひとりで見なおしてみるが、思ったほど面白くない。なぜ大勢で見ると面白いのだろうか？　その答は、笑いには伝染性があるからだ。隣の人が大声で笑いはじめれば、つい釣られて笑ってしまう。そしてまわりで笑っている人の数が増えれば増えるほど、いっしょに笑わずにはいられなくなるのだ。

箱の中の粒子にも、これと似たことが起こる。ある配位にあるとき、箱の中の二つの粒子が互いに引きあい、ペアになることで全エネルギーを低くできるとしよう。いったん二つの粒子がペアになれば、第三の粒子もそれに加わったほうがエネルギーはさらに低くできる。この特殊な引力が働く配位は、箱の中でとりうる配位のなかでひとつだけだと仮定しよう。このとき何が起こるだろうか？　はじめはランダムな状態にあった粒子たちは、すみやかにひとつの量子状態に「凝縮《ぎょうしゅく》」するのである。こうしてコヒーレントな凝縮物が形成される。

しかし話はこれで終わりではない。系の量子状態は離散的なエネルギー準位に分かれているため、いったんすべての粒子がひとつの状態に凝縮すると、その凝縮状態と、一個の粒子だけが自由に運動し、他の粒子はすべて凝縮している状態とのあいだに大きな「エネルギー・ギャップ」が生じる。そしてこれこそが、超伝導体内で起こっていることなのだ（電子はみな負の電荷をもつため、互いに反発する。しかし固体内では多数の原子の存在により、電子どうしのあいだに小さな残留引力が生じる。その引力が電子をペアにし、単一のコヒーレントな量子的配位に凝縮させるのである）。

この系を電池につないだとしよう。凝縮した電子たちは、電気の力を受けて一斉に運動しようとする。もしも一個の電子が障害物にぶつかって跳ね返り、みんなに遅れを取ることになれば、その電子の量子状態は変わりそうなものだろう。ところが、どの電子も仲間の電子にしっかりと結びつけられているため、エネルギーの壁ができて変化は阻止されるのである。かくして電子は一斉に障害物をよけて進み、抵抗も生じないことになる。

電子が一団となったこの驚異的な振る舞いから考えて、超伝導状態の物質では、伝導性以外の性質も変わるのではないだろうか？　一九三三年、そんな変化の一例がドイツの物理学者W・マイスナーにより発見され、彼の名にちなんでマイスナー効果と呼ばれることになった。マイスナーは、超伝導物質を磁石のそばに置くと、磁石の磁場を追い出そうとすることに気づいた。ここで「磁場を追い出す」というのは、超伝導物質内の電子がうまく立ちまわって外場を打ち消すような磁場を作り、物質内の磁場をゼロにするという意味である。そうするためには、超伝導物質の表面に小さな磁場ができなければならない。このため、超伝導物質を磁石のN極に近づければ、物質の表面に小さなN極がびっしりとできて、はじめにあった場を追い出そうとする。この現象がめざましい効果を生むことがある。超伝導状態にない物質を磁石の上に置けば、その物質はそこでじっとしているだろう。ところが、系全体を冷やしてその物質を超伝導状態にしてやると、物質は突如として「空中浮揚」をはじめるのだ。表面に生じた小さな磁場が、はじめからあった磁場と反発するためである。

この現象には別の説明もできる。前に述べたように、光は電磁波にほかならない。電荷を激しく動かすと、変化する電場と磁場によって光の波が生まれ、外向きに伝わってゆく。光の波は光速で伝わる。なぜなら電磁気の動力学によれば、光の波によって運ばれるエネルギーにはいかなる質量も伴わないからである。別の言いかたをすれば、巨視的スケールの電磁波に対応する微視的な量子力学的物体は「光子」と呼ばれ、この光子には質量がないことになる。

超伝導体の内部に磁場が入り込めないのは、この巨視的な場に対応する光子が超伝導体の内部に入り、コヒーレントな状態にある電子たちを背景に運動すると、光子の性質そのものが変わってしまうからである。このとき光子は、まるで質量をもつかのように振る舞う。それはちょうど、あなたが歩道ではなく泥の中でローラースケートをするようなものである。泥がくっつくせいで、あなたは大きな抵抗を感じるだろう。もしも誰かがあなたを押せば、あなたは歩道にいるときよりもずっと「重く」感じられるはずだ（つまり押すほうも苦労することになる）。同様に、超伝導体内を進むのは、光子にとっては苦労が多い。なぜなら、超伝導物質内では光子が「有効質量」をもつからだ。結果として、光子はあまり遠くまで侵入できず、磁場は物質に入り込まないのである。

さてようやく準備が整ったので、SSCとの関係に話を進めよう。私はこの加速器が、素粒子に質量がある理由を教えてくれるかもしれないと述べた。ここまでの数ページを読まなければ、これほどかけ離れた話題もないと思われるかもしれない。ところが、素粒子の質量の謎は、超伝導物質が磁場を追い出すしくみとまったく同じらしいのだ。

前述のように、電磁気の力が弱い力のモデルになったのは、この二つの力の数学的枠組みがほとんど同じだったからである。違いはひとつだけ。電磁力を媒介する光子には質量がないのに対し、弱い力を媒介する粒子には質量があることだ。このため、原子核内の陽子と中性子に働く弱い力は非常に短い距離でしか作用せず、原子核の外では感じられないのに対し、電磁力の作用は非常に遠くまで伝わる。

この事実に気づいた物理学者たちは、なぜこの違いが生じたのかを考えはじめた。超伝導体に奇妙な振る舞いをさせている物理が、答を与えてくれるのではないだろうか？すでに述べたように、特殊相対論と量子力学がともに影響を及ぼす素粒子物理学の世界は、それだけでも十分奇妙な世界である。なにしろ、真空はからっぽではないというのだから。真空では仮想粒子のペアが現れたり消えたりしているが、仮想粒子の存在時間はあまりに短いため検出にはかからない。第1章で説明したように、この仮想粒子はラム・シフトなどの観測可能な過程に影響を及ぼす。

それではいよいよ超伝導とSSCを結びつけよう。仮想粒子が物理的なプロセスに微妙な影響を及ぼすというなら、測定される素粒子の性質にも劇的な影響を及ぼすのではないだろうか？　新しいタイプの粒子を考えてみよう。その粒子は、同じタイプの粒子に接近すると引力を及ぼす。そんな粒子のペアが仮想粒子のようにひょっこり現れるためには、それなりのエネルギーが必要である。それゆえ、エネルギー保存則を破らないためには、そのペアは短い時間で消滅しなければならない。しかしこのペアが互いに引きあうなら、一組のペアだけで現れるよりは、二組のペアで現れるほうがエネルギー的に有利である。そして一組より二組のほうが有利なら、三組現れない手はない。そして三組よりは四組、四組よりは五組……とどこまでも続いていく。この粒子の引力をうまく配置してやれば、そんな粒子がたくさんいるコヒーレントな系のほうが、粒子が一個も存在しない系より正味のエネルギーは少なくてすむだろう。するとどういうことになるだろうか？　このような粒子のコヒーレントな状態が、自然界に自発的に現れるのである。真空は、コヒーレントな粒子がある特別な量子状態にぎっしりと詰まった、一種のバックグラウンド（背景）になるのだ。

この現象が存在するなら、どんな影響が出るだろうか。ただし、バックグラウンドになる粒子をひとつだけ取り出して観測しようなどとは考えないほうがいい。なぜならその粒子を実在の粒子として一個ずつ作るためには、莫大なエネルギーが必要になるからだ。それはちょうど超伝導体のコヒーレントな電子配位から、電子を一個だけ蹴り出そうとするようなものである。しかし一個では取り出せなくても、このバックグラウンド粒子の性質から何らかの影響があることは期待できるだろう。

もしもこのバックグラウンドが、弱い力を媒介する粒子（W粒子とZ粒子）とは相互作用できるが、光子とは相互作用できないとすれば、結果としてW粒子とZ粒子は大きな質量をもつかのようにふるまうだろう。もしもそうなら、弱い力と電磁気力とがこれほど違うほんとうの理由は、この二つの力が本来的に違うからではなく、コヒーレントなバックグラウンドのせいかもしれない。

ここでは、自然の基本的性質を決めているものと、超伝導体内の磁場に起こることとのあいだに共通点があると仮定した。こんな話は荒唐無稽《こうとうむけい》すぎてとうてい信じられないかもしれない。しかし、今日までに行なわれた実験の結果はすべて、この仮定を置くことにより説明できるのである。一九八四年にW粒子とZ粒子が発見されると、これらの粒子は科学者たちによって詳細に調べられた。そうしてわかった性質は、ここで説明したメカニズムにより生じると仮定した場合の性質と完全に一致した。

では、次の問題は何だろう？　陽子や電子といった普通の粒子の質量はどうなのか？　普通の粒子の質量もまた、真空を満たす均一でコヒーレントな量子状態との相互作用で生じているのだろうか？　もしそうなら、すべての粒子の質量は起源を同じくすることになる。それを確かめるためにはどうすればいいだろう？

答は簡単だ。「ヒッグス粒子」と呼ばれる問題の粒子を作ってみればいいのである。スコットランド人物理学者ピーター・ヒッグスにちなんで名づけられたこの粒子は、真空に凝縮してすべてを取り仕切っていると考えられている。そして超伝導スーパーコライダーの最大の使命は、ヒッグス粒子を見つけることなのだ。W粒子とZ粒子の性質を明らかにしたのと同じ理論的予測から、ヒッグス粒子は、もし存在するなら、W粒子やZ粒子の十倍程度の質量をもつと考えられている。SSCはまさにこのエネルギー領域を調べるように設計されているのである。

ひとこと注意しておくと、ヒッグス粒子は電子や陽子のような基本粒子であるとはかぎらない。超伝導体内では電子がペアになるように、ヒッグス粒子も他の粒子がペアになったものかもしれない。

ヒッグス粒子が存在するとして、それはなぜ存在するのだろう？　電子、クォーク、光子、W粒子、Z粒子などとともに、ヒッグス粒子の存在にも根本的な説明ができるのだろうか？　この疑問に答えるためには実験をやってみるしかない。

超伝導物理学と、宇宙の質量の起源を明らかにしてくれるかもしれない物理学とのあいだの、この衝撃的な二重性に畏敬の念をもたない人はいないだろう。しかし、このみごとな知的統一に感動することと、それを知るために金を出したいと思うこととは話が別である。SSCの建設には、百億ドルの費用と、十年以上の年月がかかる。SSCを作るかどうかは科学の問題ではない。しかるべき知識をもつ人なら、このプロジェクトの科学的価値を疑うはずはないからだ。SSCは政治の問題なのである。資源の限られた今の時代に、こんなプロジェクトに優先権を与えていいのだろうか？

本書の冒頭で強調したように、SSCはたしかに知識を増やしてくれるだろう。しかしそれを正当化するのは、文化的要素であって学問的要素ではない。われわれは古代ギリシャの上下水道施設のことはあまり話題にしないけれど、そこで打ち建てられた哲学的、科学的概念のことは忘れない。それらは濾過《ろか》されてわれわれの大衆文化に流れ込み、教育をはじめ今日のさまざまな制度を作りあげるのに役立っている。

たとえヒッグス粒子が発見されても、われわれの日常生活は変わらないだろう。しかし私は確信するが、ヒッグス粒子がその一部となっている世界像は、若者の好奇心をかきたて、一部の若者は科学者や技術者への道を歩み、それによって未来の世代に影響を及ぼすだろう。ここで思い出すのは、今日も世界最高のエネルギーを出す加速器を擁《よう》するフェルミ研究所で、初代所長を務めたロバート・ウィルソンの次の言葉である。この施設は国家防衛に役立ちますか、と尋ねられて、彼はこう答えたという。「役立ちません。しかし、この国が防衛するに値する国でありつづけるためには役立つでしょう」(＊)

（＊）訳注　アメリカ議会は一九九三年、財政難を理由に建設途上のSSCを放棄したが、その後二〇一二年に欧州原子核研究機構（CERN）の大型ハドロン衝突型加速器（LHC）で、ヒッグス粒子がついに発見されている。

第4章　洞窟の中から見通す秩序

われわれは探求を止めてはならない
すべてその探求の目的は
われわれが出発したところに到着することであり
また初めてその場所を知ることであろう。
T・S・エリオット「リトル・ギディング」、『四つの四重奏曲』所収

凍《い》てつく朝。目を覚ましたあなたは窓の外に目をやる。しかしそこに見慣れた風景はなく、世界は奇妙なパターンで埋め尽くされている。一瞬ののち、あなたはそれが窓についた氷であることに気づき、急に焦点がぴたりと合う。複雑なパターンは太陽の光をきらきらと反射し、あなたはうっとりとそれに見入る。

科学博物館などでは、これを「ああそうか（aha!）体験」と呼んでいる。神秘主義者たちには、また別の呼びかたがあるのだろう。バラバラだったデータがひとつにまとまって新しいパターンが生まれるとき、世界は突如として新たな姿、新たなゲシュタルト（全体としての枠組み）を獲得し、見慣れたものがまったく新しい視点から見えるようになる。物理学が進歩するときにも、これとほとんど同じことが起こる。物理学者たちは、ひとつまたひとつと自然の階層をめくってきた。そして一枚層をめくるたびに、そこに隠れていたものが、しばしば根元的な単純さを内に秘めていることに気づいたのである。では、根元的な単純さが秘められているかどうかを示すような、一般的な徴候はあるのだろうか？　答はイエス。その徴候とは、一見すると互いに関係なさそうなものが、実は同じひとつのものだと明らかになることである。

二十世紀に起こった物理学の大きな発展は——空間と時間と宇宙に関するアインシュタインの魅力的な発見から、水の沸騰のしかたを記述することの意義がわかったことまで——この伝統に従っている。しかし私は、そうして明らかになった「宇宙のほんとうの姿《リアリティー》」を論じるにあたり、「実在《リアリティー》の究極的本性とは何か」といった哲学論議にはまり込みたくはない。そんな論議は、私の全般的な哲学観を強めることになりがちだからだ。その哲学観を的確に言い表わしているのが、二十世紀の哲学者であり、論理学者でもあったルートヴィヒ・ヴィトゲンシュタインの次の言葉である。「哲学的な問題について書かれてきた命題や疑問のほとんどは、間違ってはいないが無意味である」

自分の心の外側に現実世界というものがほんとうに存在するのだろうか、そしてその世界は、われわれがそれを測定できるかどうかとは無関係に存在するだろうか……などと、プラトンのように思索をめぐらしたところで議論が長くなるばかりである。そこでここでは、同じプラトンでも、有名な「洞窟の比喩」のアイディアを借りることにしたい。この比喩を借りる理由のひとつは、いかにも教養がありそうに見えるからだが、しかしもっと重要な理由は、これを基礎として私独自の比喩を提示できるからである。

プラトンは、この宇宙における人間の立場を、洞窟の中で生きる人物になぞらえた。その人物が思い描く世界像は、洞窟の壁に映る影にもとづいている。しかしその人物は、太陽の光の下《もと》に永続的に存在している、「本当の対象」を見ることはできない。プラトンは、われわれもまた洞窟の住人と同じく、知覚という囲いの中に閉じ込められており、知りうるものはただ現実世界のうわべだけだと論じたのだった。

洞窟に閉じ込められた人の暮らしにまつわる苦労は想像に難《かた》くない。壁に映る影などは、せいぜい良くて現実世界の乏《とぼ》しい反映にすぎないからである。それでも、ときにはインスピレーションがひらめく瞬間もあるだろう。たとえば、毎週日曜日の夕方、ちょうど太陽が沈むころになると、次のような影が壁に映るとしよう。

そして、毎週月曜日の夕方には、四角い影の代わりに次のような影が映る。

牛にそっくりだが、これは何か別のものの影である。一週間経《た》つごとに、まるで機械

仕掛けのように同じ影が壁に映し出される。そしてある月曜日の朝、ふだんよりも早起きした洞窟の住人は、トラックの音と、ガチャガチャという金属音を聞く。並外れた想像力をもち、数学の才能にも恵まれた女性であるこの住人の脳裏に、突如として新しい映像が浮かびあがった。四角と丸とは、別々のものではなく、同じひとつのものだったのだ！　想像力に新たな次元をつけ加えた彼女は、その次元に拡張された物体を思い描いた。それはゴミを入れる大きな缶だったのだ。

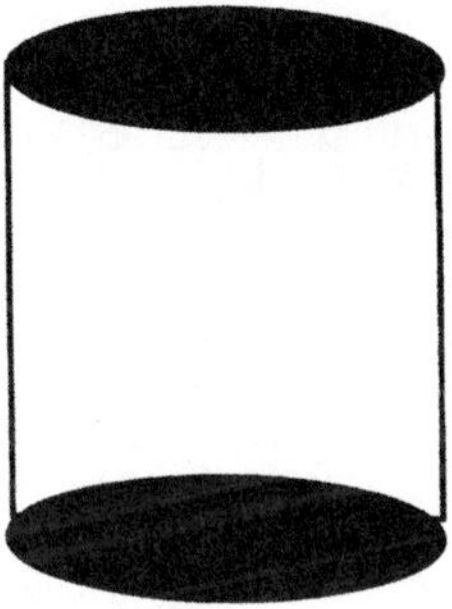

日曜日の夕方には、ゴミの缶は直立している。太陽は低く傾いて缶の背後にあるため、壁に映し出される影は長方形になる。月曜日にゴミ収集が終わると、缶は横倒しにされ、円形の影を壁に投げかける。三次元の物体は、見る角度によって実にさまざまな二次元

の影を作るのである。このインスピレーションのおかげで謎がひとつ解けたばかりか、異なる現象が、実際には同じひとつのものの異なる影にすぎない場合もあることがわかったのだ。

このような知識の再編が起こるため、〝物理学の発展〟という道は必ずしも複雑さへ通じているとは限らない。細部が解明されたからといって、話が複雑になるとは限らないのである。むしろ洞窟の例からもわかるように、新しい発見は、ものの見かたが突然に変化したことによって成し遂げられる場合が多い。ときには、一段深いところにあるこの宇宙の本当の姿が露《あら》わになったことにより、それまで無関係だと思われていたアイディアどうしが結びつき、多くのものから少数のものが生まれることもある。あるいはまた、それまで無関係だと思われていた物理量どうしが結びつき、新たな研究と知識の領域が切り開かれることもある。

現代物理学の幕開けとなった統一、すなわち電気と磁気の統一のことはすでに述べた。電磁気の理論を完成させ、その理論を使って光の存在を「予測」したことは、ジェイムズ・クラーク・マックスウェルが成し遂げた十九世紀最高の知的偉業である。いみじくも聖書の創世記では、すべてに先んじて光が創造されている。マックスウェルの電磁気学は、われわれを現代物理学の玄関口まで導いてくれた。アインシュタインは光の奇妙な振る舞いに触発されて空間と時間との新しい関係について考えをめぐらし、量子力学の創設者たちもまた、波と粒子とがときには同じものとなる可能性に対処すべく、小さなスケールでの物質の振る舞いを支配するルールを作りあげたのだった。そして二十世紀半ばには、ついに光の量子論が完成された。その理論は、自然界の既知《きち》の力について今日《こんにち》知られていることがらの基礎となるものだった。二十世紀後半に成し遂げられた電磁力と弱い相互作用との驚くべき統一は、光の量子論にもとづいて得られた知識のひとつである。そして、光それ自体のことがわかりはじめたのも、もとはといえば電気と磁気という、非常に異なる二つの力が、実は同じひとつのものだという基本的な発見がなされたおかげだったのである。

電気と磁気との結びつきを明らかにしたファラデーとヘンリーの発見についてはすでに簡単に説明した。しかし、たったあれだけの説明では、この結びつきの深さや起源を、私が望むほど強く実感してもらうことはできないだろう。そこでここでは、電気と磁気が同じひとつのものの異なる側面であることを鮮やかに示してくれる思考実験を紹介することにしよう。私の知るかぎり、その思考実験が行なわれたのは、実験によって現象が発見され、電気と磁気とは同じものだという洞察が得られた後のことだった。しかし今日の目で見れば、それはとても簡単な思考実験なのである。

思考実験は、物理学をやるうえでなくてはならない要素である。なぜなら思考実験は、いくつもの視点から同時に出来事を「目撃」させてくれるからだ。黒澤明監督の名作、

『羅生門』を思い出してみよう。あの映画では、ひとつの出来事が、その場にいた人たちそれぞれの観点から何度も描かれ、そのつど別の解釈を下《くだ》される。そしてそれぞれの視点が、その出来事について、より幅広く、おそらくはより客観的な理解を与えてくれるのだ。一人の観測者が同時に二つの視点に立つことはできないから、物理学者は、ガリレオが打ち立て、アインシュタインによって完成の域に達した物理学の伝統に従って、以下に述べるようなタイプの思考実験を利用することになる。

この思考実験を行なうために、知っておかなければならないことが二つある。ひとつは、静止している荷電《かでん》粒子は、重力を別にすれば、電気力しか感じないことである。それゆえ、粒子のすぐそばに世界一強力な磁石を置いたとしても、（静止している）粒子がそれに気づくことはない。もうひとつは、磁石のそばで荷電粒子を運動させれば、粒子は、その運動を変化させるような力を感じることである。この力はオランダの物理学者ヘンドリック・ローレンツにちなんで、「ローレンツ力」と呼ばれている（ローレンツはアインシュタインよりも早い時期に、あと一歩で特殊相対性理論を定式化するところまで行った人物だ）。ローレンツ力はとても奇妙な力である。荷電粒子が磁石の両極のあいだを水平に運動すれば、粒子にはその運動と直交する上向きの力が働く（次頁図）。

この二つの一般的性質さえ知っていれば、ある観測者にとっては電気力であるものが、

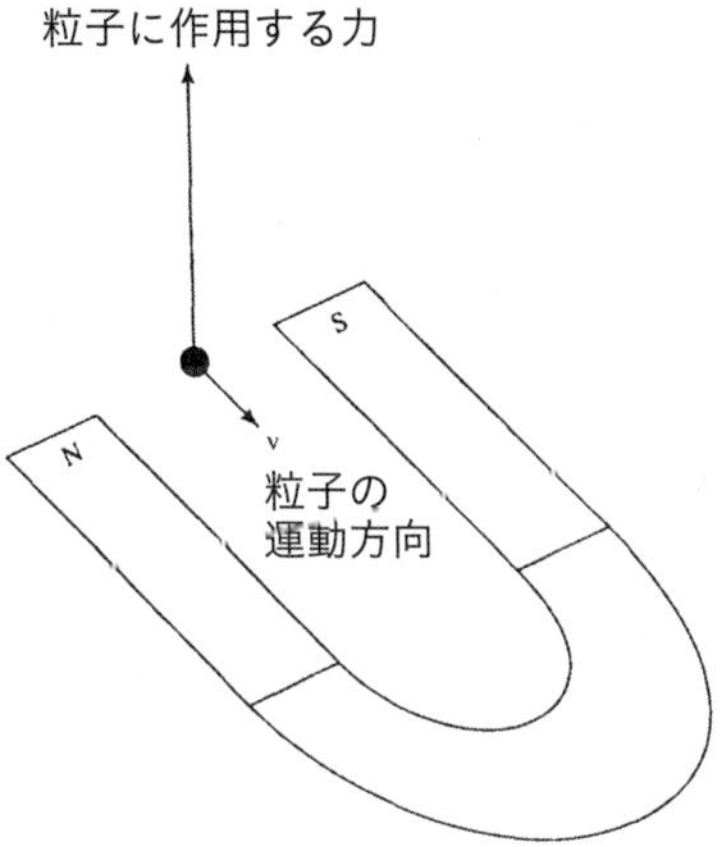

別の観測者にとっては磁気力になるのを示すことができる。電気と磁気とは、洞窟の壁に映った円と四角のように、密接な関係にあるのだ。これを理解するために、先の図の荷電粒子を考えよう。もしもわれわれが実験室でそれを観測していたとして、粒子が運動して経路が曲がったとすれば、粒子に作用している力は磁気的なローレンツ力であることがわかる。しかし、もしあなたがこの実験室の中で、粒子と同じ一定の速度で運動しているとしたらどうだろう？　この場合、粒子は観測者に対して静止しているが、磁石は観測者に対して運動していることになる。そこで観測者は、次頁の図のような状況を見るだろう。

静止している粒子が感じるのは電気力だけだから、この座標系で粒子に作用している力は電気力でなければならない。また、ガリレ

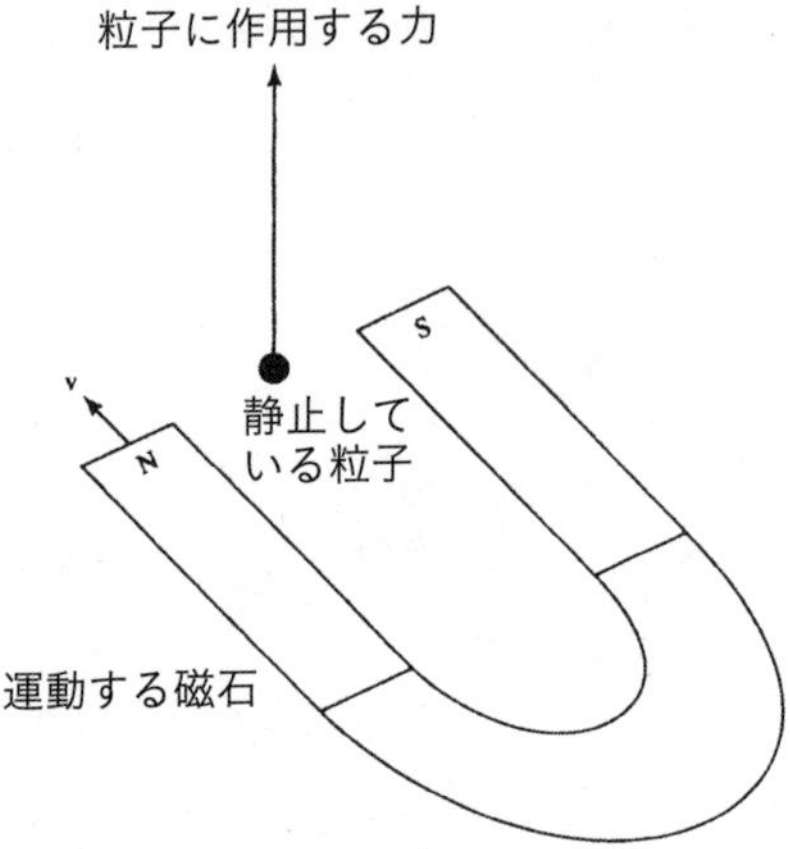

オ以来、一定の速度で相対運動をしている二人の観測者にとって、物理法則は同じに見えなければならないことが知られている。それゆえ、「粒子が運動し、磁石は静止している」のか、「磁石が運動し、粒子は静止している」のかを判断するすべはない。われわれに言えるのは、「粒子と磁石とは相対的に運動している」ということだけなのだ。

ところで、磁石が静止し、粒子が運動している座標系では、粒子の運動は磁気力（ローレンツ力）のために上向きに曲げられるのはすでにみたとおりである。一方、粒子が静止している座標系では、この上向きの運動は電気力によって引き起こされたのでなければならない。こうして、ある観測者にとっては磁気力であるものが、別の観測者にとっては電気力になる。電気と磁気は、電磁力というひとつの力を、異なる視点から見たときの「影」にすぎないのだ。そして観測者の視点は、観測者と系《けい》（粒子と磁石）との相対的な運動状態によって変わるのである。

次に場面を現代に移し、もっと最近に起こった物理学の発展を、これと同じ観点から眺めてみよう。第3章では、超伝導とスーパーコライダーとの驚くべき関係について述べたが、そのとき私は、質量は、われわれの住むこの限られた環境のなかで「たまたま」生じたのかもしれないと述べた。つまり、ある粒子が質量をもつように見えるのは、その粒子の運動を遅くさせ、重く見えさせるようなバックグラウンドの場があるせいかもしれないのだ。超伝導体の中の光にはそれと同じことが起こるから、もしもわれわれが超伝導体の中で暮らしているなら、光の運び手である光子には質量があるように考えるだろう。しかしわれわれは超伝導体内で暮らしているわけではないから、超伝導体内で光が質量をもつように見えるのは、超伝導体内の物質の奇妙な状態と光との相互作用のためにほかならないとわかるのである。

さて、ここがポイントだ。超伝導体という洞窟の中にいて、一見すると何の関係もなさそうないくつかの現象を統合し、限られた経験世界の外側に存在するものに気づくためにはインスピレーションのひらめきが必要である。そんなインスピレーションを得るにはどうしたらいいだろうか？　こうすればよいという一般則があるとは思わないが、しかし正しいひらめきが得られれば、いっさいがはっきりと理解できるようになり、それが正しいひらめきだとわかるのである。

一九五〇年代末から一九七〇年代のはじめにかけて、素粒子論の分野にそんなひらめきが訪れた。その当時、シェルター島会議以降に完成された電磁力の量子論が、別の力の量子論の基礎になりそうだということがゆっくりとわかりはじめていた。先述のように、電磁力と、ほとんどの原子核反応に関与している弱い力とは、基礎となる数学的枠組みが非常によく似ている。唯一の違いは、弱い力を伝える粒子たちは重く、電磁力の運び手である光子には質量がないことだ。実際、一九六一年にはシェルドン・グラショウが、電磁力と弱い力はひとつの理論のなかで統一することができ、その場合、これら二つの力は同じひとつの力の異なる現れとなることを示した。しかしグラショウは、電磁力を伝える光子と、弱い力を伝えるW粒子およびZ粒子とのあいだに、大きな質量差がある理由を説明することまではできなかった。

しかし、いったん空間そのものが巨大な超伝導体のように振る舞うこと——すなわち、バックグラウンドの「場」のために粒子が質量をもつように振る舞うこと——がわかってしまえば、その後の進展は早かった。一九六七年にはスティーヴン・ワインバーグとアブダス・サラムがそれぞれ独自に、前章の最後のところで説明した超伝導体内の出来事とまったく同じことが、W粒子とZ粒子にも起こっているという理論を提唱した。

ここで興味深いのは、W粒子とZ粒子に質量を与えるメカニズム（超伝導体内の光の理論）が、それ以前に発見されていたということではない。むしろ、そのメカニズムを使わなくとも、弱い力と電磁力とは基本的なひとつの理論の異なる現れだとわかったことである。この場合もまた、自然界で観測されるこれら二つの力はかなり異なっているけれど、それはわれわれを取り巻く環境のなかで、たまたま生じた違いにすぎない。もしもこの空間が、しかるべき粒子のコヒーレント状態で満たされていなかったら、電磁力と弱い相互作用とはまったく同じに見えていただろう。こうして、互いに関係のなさそうな壁の「影」から出発して、知覚による直接的証拠を越えた根元的統一性に気づくことができたのである。

一九七一年、当時大学院生だったオランダの物理学者ヘラルデュス・トホーフトは、W粒子とZ粒子に質量を与えるために提案された理論が、数学的にも物理的にも首尾一貫していることを明らかにした。一九七九年には、グラショウ、サラム、ワインバーグの三人がこの理論に対してノーベル賞を受賞。一九八四年には、ジュネーヴにあるヨーロッパ原子核合同研究機構（CERN）の加速器実験で、弱い力を伝えるW粒子とZ粒子が、予想されていたとおりの質量をもって発見された。

しかしこの新しい視点の成果はこれだけではなかった。これら二つの力をひとつの枠組み（「簡単」な電磁気の量子論をまねし、拡張したもの）のなかで捉えることに成功したおかげで、自然界の力はすべて、この枠組みのなかに入るのではないかという考えが生まれたのである。強い相互作用の理論は、第1章で説明した漸近《ぜんきん》自由性が発見された後に作られ、検証されたものだが、その理論もまた、「ゲージ理論」と呼ばれる一般的な形式をもっている。

ゲージ理論という名前さえも、「異なる力は同じひとつの根元的な物理が異なる現れかたをしたものだ」という思想の染み込んだ歴史をもっている。一九一八年、物理学者であり数学者でもあったヘルマン・ワイルは、重力と電磁力との数ある共通点のひとつをもとに、重力と電磁力とはひとつの理論に統一できるのではないかという考えを打ち出した。ワイルは、これら二つの力を関係づけている性質を、「ゲージ対称性」と呼んだ。すぐあとで説明するように、重力の理論である一般相対性理論においては、異なる観測者が用いる局所的な「ものさし」、すなわち「ゲージ」は、重力の基本的性質に影響を及ぼすことなく、任意に変更することができる。また電磁力の理論でも、異なる観測者が同じ電荷を測定するときに、数学的にこれとよく似た変更をほどこすことができる。

ワイルの提案は、古典物理学としての電磁力と重力とを結びつけるものだったが、当初の形ではうまくいかなかった。しかし彼が見出した数学的ルールは、電磁力の量子論において重要な役割を果たすことがわかった。また、弱い相互作用と強い相互作用の理論に共通しているのも、まさにその性質(ゲージ対称性)なのである。さらにゲージ対称性は、重力の量子論を作り、重力を他の三つの力と統一しようという今日の試みとも密接に関係していることがわかっている。

今日では、「電弱理論」（電磁相互作用と弱い相互作用を統一したもの）と、漸近自由性にもとづく強い相互作用の理論の二つを合わせたものを、素粒子物理学の「標準モデル」と呼んでいる。過去数十年間に行なわれたすべての実験は、これら二つの理論による予測と完璧に一致している。弱い相互作用と電磁相互作用との統一を完成させるために残された課題は、われわれを取り巻き、W粒子とZ粒子に質量を与えているコヒーレントなバックグラウンドの量子状態の性質を明らかにすることだけである。また、ほかの粒子の質量も同じメカニズムで生じているのかどうかも知りたいところだ。われわれがSSCに期待しているのは、まさにそのことなのである。

理論物理学者である私は、素粒子物理学の世界に隠された、難しくはあるが衝撃的なこの現実にたやすく胸躍《むねおど》らされてしまう。しかし妻との会話からわかったのだが、ほとんどの人たちにとって、こんな話はあまりにも現実離れしていて胸が躍るどころではないようだ。だが、今ここで話したことは、われわれ自身の存在に直接結びついているのである。もし既知の粒子の質量が、ほんのわずかでも今と違っていたなら、われわれの知るような形での生命はありえなかっただろう。

現状では、中性子の質量は陽子のそれよりもわずかながら（〇・一パーセントほど、重い。中性子よりも陽子のほうが軽いということは、少なくとも現在の宇宙の年齢と同じぐらいの時間では、陽子は安定だということを意味している。水素は、一個の陽子と一個の電子から構成される元素で、宇宙にもっとも豊富に存在し、太陽のような星の燃料となり、有機分子の基礎となっている非常に重要な元素であるが、その水素が安定に存在していられるのは、この質量差のおかげなのだ。さらには、もしも中性子と陽子の質量差が今と違っていたなら、今日存在するすべての軽い元素を生み出した初期宇宙のデリケートな平衡《へいこう》状態も違っていたはずである。初期宇宙で作られた軽い元素をもとに星が形成され、今から五十億年から百億年ほど昔にはわれわれの太陽が生まれた。さらには、われわれの体を作っている原子はすべて、はるか遠くで爆発した星の炉で生み出されたものなのである。私は今もこの事実に驚きを禁じえない。まさにこの意味において、われわれはみな宇宙の子なのだ。同様に、太陽の中心部で起こっているエネルギー生成過程の反応速度を決定し、われわれの存在を支えているのもやはりこの質量差である。そして、多くの人が乗ることを怖れている浴室の体重計の針の動きを決めているのも、つまるところは素粒子の質量なのだ。

◇

このように、素粒子の世界と人間の世界とは非常に強く結びついている。とはいえ、

アレ（電気）とコレ（磁気）とは、実は同じものだった！

二十世紀物理学の進展は、われわれが直接的には知覚できない現象に対して新たな視点を与えることだけに限定されていたわけではない。そこで以下では、いくつか段階を踏みながら、これまで取りあげてきた極端に小さな、あるいは大きなスケールの世界を離れて、もっと日常的な世界に戻ることにしよう。

空間と時間に対するわれわれの知覚ほど直接的なものはない。時間と空間の知覚は、認知能力の発達上もきわめて重要である。動物の行動にはよく知られた里程標がいくつかあるが、それらは空間と時間に対する知覚の変化によって分類することができる。たとえば、仔猫はガラスで覆《おお》った穴の上を平気で歩くが、ある年齢に達すると、足元の穴は危険だとわかるようになる。そうであればこそ、ようやく二十世紀初頭になってはじめて、空間と時間とのあいだに、かつて誰も想像もしなかった密接な関係が発見されたのは実に驚くべきことである。アインシュタインのこの発見が、二十世紀における傑出した知的偉業のひとつだということに異論のある人はまずいないだろう。そして今日の目から見れば、アインシュタインが成し遂げた想像力の飛躍は、洞窟の住人のそれと衝撃的なまでによく似ていることがわかるのである。

すでに論じたように、アインシュタインは、マックスウェルの電磁気理論とガリレオの相対性原理とを矛盾なく保持したいという願望にもとづいて自分の理論を作りあげたのだった。マックスウェルの電磁気理論では、光速は自然界の二つの基本定数（電荷間に働く電気力の強さと、磁石間に働く磁力の強さ）から導かれる。そしてガリレオの相対性原理によれば、この二つの定数は、互いに等速度運動をしている二人の観測者から見て同じ値になる。したがって、観測者がどんな速度で等速度運動をしていようとも、また、光源がどれほど大きな速度で等速度運動をしていようとも、光速を測定すれば常に同じ値が得られるはずなのである。こうしてアインシュタインは、相対性理論の基本仮説、すなわち、真空中の光の速度は普遍定数であり、光源の速度や観測者の速度によって変わることはないという仮説に到達したのだった。

この仮説の異様さがピンとこない人のために、もうひとつ例を挙げよう。昨今《さっこん》では、アメリカの大統領候補者がホワイトハウス入りを果たすためには、自分たちの政党は中道であり、対立候補の政党は真ん中よりも右寄りか左寄りだということを有権者に訴えなければならないようである。そこで選挙前になると、どちらの政党もわれこそは中道だと言いはじめるという胡散臭《うさんくさ》い状況が生じる。しかしアインシュタインの仮説は、そんな主張を可能にしてしまうのだ。

相対運動をしている二人の観測者がすれ違う瞬間、二人のうちの一方が電灯のスイッチを入れたとしよう。光はあらゆる方向に球状に広がってゆき、夜を明るく照らすだろう。光の速度は非常に大きいため、普通は、光源から光が広がるのに時間がかかるとは思わない。しかし実際には、光の伝播《でんぱ》には時間がかかるのである。そこで、電球に対し

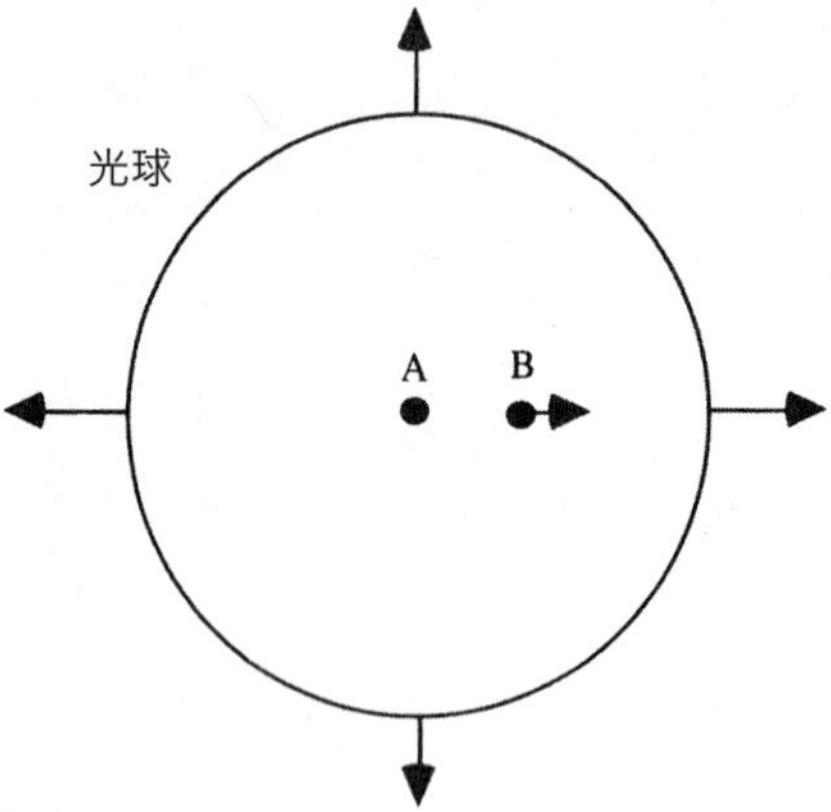

て静止している観測者Aは、電気をつけてまもなく、上の図のような状況を見ることになる。

観測者Aにとっては、自分は光の球の中心におり、自分に対して右側に向かって移動している観測者Bは、光の現在の位置（上図の円）まで広がるあいだにいくらか進んでいるのが見える。一方、観測者Bは、アインシュタインの仮説により、外向きに進む光線があらゆる方向に一定の速度で進み、自分に対して一定の距離だけ進んでいるのを観測する。それゆえ観測者Bにとっては、自分は光の球の中心におり、観測者Aは中心よりも左側にいるように見えるだろう（次頁図）。

言い換えると、観測者は二人とも、球の中心にいるのは自分だと主張することになる。直観的には、二人とも球の中心にいることは

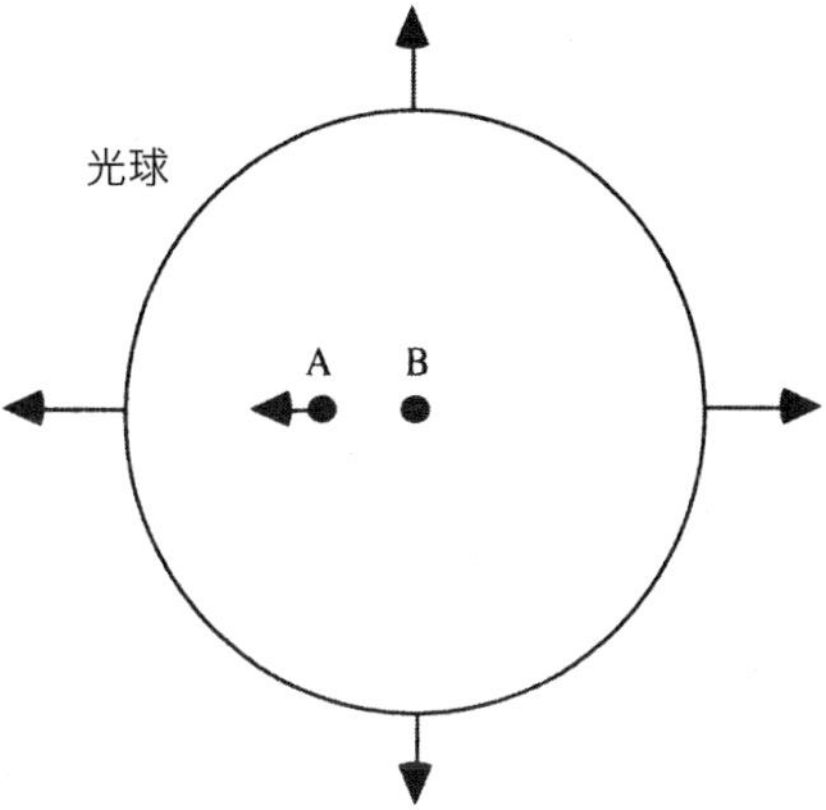

ありえない。ところが政治とは異なり、この場合にはたしかに、二人とも球の中心にいるのである。

どうしてそんなことが起こるのだろうか？　それが可能なのは、空間と時間の測りかたが観測者ごとに異なる場合だけである。その場合、一方の観測者にとっては、自分から光の球面上の点までの距離はすべて等しく、相手から光の球面上の点までの距離は方角によって異なるように見え、他方の観測者は、同じものを測定して異なる結果を得てもよいことになる。時空の絶対性は、光速の絶対性に席をゆずるのである。

こんなことが起こりうるのは――実際、相対性理論がわれわれに突きつけるパラドックスはすべて現実に起こりうるのだが――離れた地点で起こった出来事に関する情報は、間接的にしか知りえないからである。われわれは「ここ」と「あそこ」という異なる二つの場所に、同時に存在することはできない。「あそこ」で今起こったことに関して情報を得るためには、光線などによる信号を受け取るしかない。ところが、信号を受信したのが「今」だとすれば、発信されたのは「さっき」なのだ。

われわれがこういう考えかたに慣れていないのは、光の速度がきわめて大きいため、近くで起こった出来事を目撃したのが「今」なら、直感的には、その出来事はやはり「今」起こったと感じられるからである。しかしそれは、われわれの環境がたまたまそうなっていたからでしかない。とはいえ、この「たまたまの環境」は全宇宙に広がっているため、電磁気学が根本的な問題を抱《かか》えていなかったならば、アインシュタインといえども、われわれが「今」と呼ぶ洞窟の影の向こうにあるものを見抜くことは難しかったろう。

カメラで写真を撮るとき、撮影された画像はある瞬間のスナップショットだと考えるのが普通である。「この写真は、踊っているリリーに犬が飛びかかったところだ」などと。しかしそれは厳密には正しくない。写真はたしかにある瞬間を表わしてはいるが、画面上の各点が同時刻を表わしているわけではないからだ。カメラは、さまざまな点からやってきた光を受け取り、ある瞬間に画像を作る。しかしそれぞれの光は、それぞれ別々の時刻に物体を出発しているのだ。カメラから遠い物体は、早い時刻に光を発したことになる。つまり写真は、時間をすっぱりと輪切りにしたものではなく、さまざまな時刻における空間の輪切りの寄せ集めなのである。

普通われわれは、空間にそなわるこの「時間的」性質に気づかない。なぜなら、光がわれわれのスケールで捉える時間のあいだに進む距離と、われわれの空間スケールとがあまりにもかけ離れているからである。たとえば、スナップショットの撮影には百分の一秒ほどかかるが、そのあいだに、光は約三千キロメートル（アメリカ合衆国を横断する距離）も進むのだ！　もちろん、それほど大きな被写界深度をもつカメラは存在しない。しかし光の速度がどれほど大きかろうと、写真が捉えた「今」は、いかなる意味においても絶対的な「今」ではない。それは写真を撮影している観測者だけの「今」なのである。ある観測者にとっては、「ここで、今」であるものが、別の観測者にとっては、「そこで、さっき」になる。同じ「今」を経験できるのは、同じ「ここ」にいた観測者たちだけなのだ。

それどころか相対性理論によれば、互いに相対運動をしている二人の観測者は（二人でも三人でも同じことだが）、たとえ同じ瞬間に「ここ」にいたとしても、同じ「今」を経験することはできない。なぜなら、互いに相対運動をしている者どうしでは、「そのときあそこで」が違うからである。例を挙げよう。入門書に書かれていることを一から蒸し返すつもりはないが、ここでは入門書でおなじみの例を使うことにしよう。なぜ

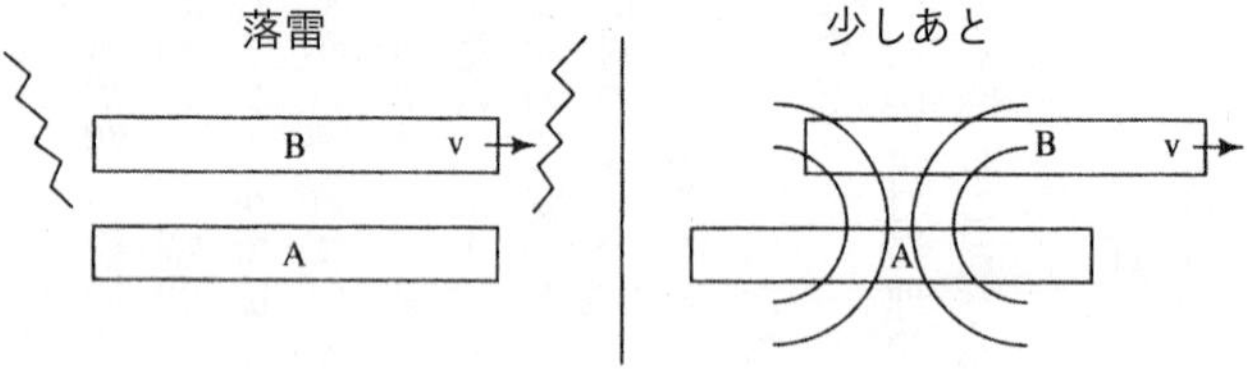

なら、それを使ったのがアインシュタイン自身だったから、そして私はこれより良い例を知らないからである。

二人の観測者が、平行な線路上にある別々の列車に乗っていたとしよう。列車は相手に対して一定の速度で動いている。どちらが実際に動いているかは問題ではない。というのも、いずれにせよ絶対的な意味では、それを知るすべはないからである。二人の観測者は、それぞれの列車の真ん中にいて、ある瞬間にすれ違ったとしよう。その瞬間、かみなりが同時に二つ落ちる。ひとつは列車の前部に、もうひとつは列車の後部に。稲妻による光の波を見た瞬間、観測者Aは上図のような状況にある。

稲妻が列車の両端からやってくるのを見た観測者Aは、自分は列車の真ん中にいるのだから、二つのかみなりは同時刻に落ちたと考えるしかない。

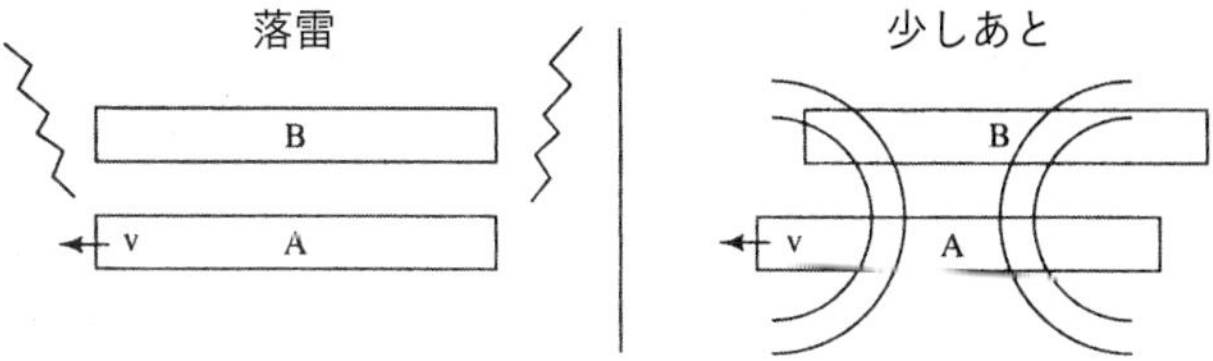

そしてその時刻を、「今」だと考えるかもしれない。しかし実際には、それは「今」ではなく、「そのとき」なのだ。しかも、観測者Bは、その時点では観測者Aの右側に進んでいるため、右側からやってくる稲妻を、左からやってくる稲妻よりも先に見るだろう。

普通、ここまでの話がわからないという人はいない。というのも、Bが二つの稲妻を別々の時刻に観測するのは、一方の光源に近づき、他方の光源から遠ざかっているからだと考えられるからだ。ところがアインシュタインの教えるところによれば、Bが時刻のずれを観測することはない。両方の光が観測者Bに向かってくる速度は、観測者Bが静止していようと運動していようと同じだからである。そこでBは、上図のような状況を「観測」することになる。

上の図の状況から、Bは次のように推論するだろう。(a)一方の稲妻が他方より早く見えた。(b)早く到着した光は、列車のどちらかの端から出発し、自分はその列車の真ん中にいる。(c)光はどちらの方向にも同じ速度で進む。したがって、右の稲妻は左の稲妻よりも先に光ったと考えるだろう。そして実際、Bにとっては、そのとおりのことが起こったのである! AあるいはBに行なえる実験で、それ以外の結論が導かれることはない。AもBも、「Bは右の稲妻を先に見る」という点では意見が一致する(ある時刻にある地点で起こったことに対しては、意見が食い違うことはない)。しかし、それに対する説明は違う。そして、それぞれの説明にもとづき、各人はそれぞれの「今」を捉えるため、「今」はひとりひとり異なることになる。遠くで起こった出来事は、ある人にとって同時でも、別の人にとって同時であるとは限らないのである。

アインシュタインはこれと同様の思考実験を行なうことにより、互いに相対運動をする観測者にとっては、従来の「絶対空間」および「絶対時間」という概念は、次の二つの点で成り立たないことを示した。ひとつは、Aから見てBの時計はゆっくり進み、またBから見てAの時計はゆっくり進むということ。もうひとつは、Aから見てBの列車は自分の列車よりも短くなり、またBから見てAの列車は自分の列車よりも短くなるということだ。

読者がこの二つを単なる知覚のパラドックスだと思わないように、あらかじめこれはパラドックスではないとはっきり言っておこう。それぞれの観測者が「測定」する時間の流れかたは実際に異なり、物体の長さも、たしかに違うものとして「測定」されるのである。物理学においては、測定が現実世界を決定するのであり、測定を超越するような世界のことを心配したりはしない。それゆえこれらの現象は、実際に起こっているとみなされる。事実こうした現象は、測定可能なものとして日常的に起こっているのである。

宇宙からやってきてたえず地球に衝突している宇宙線のなかには、光速にきわめて近い速度をもつ、エネルギーの非常に高い粒子が含まれている。そんな粒子が大気の上層部にぶつかると、大気中の原子核と衝突して「壊れ」、もっと軽い粒子のシャワーを生み出す。なかでももっともありふれているのが、「ミュー粒子」である。ミュー粒子は、質量が重いことを別にすれば、原子を作りあげている普通の電子とそっくり同じといってよい。これまでのところ、宇宙になぜ電子に瓜二つの粒子が存在するのかはわかっていない。アメリカの優れた物理学者I・I・ラビは、ミュー粒子が発見されたとき、「誰がそんなものを注文したんだ？」と言ったという。

いずれにせよ、ミュー粒子は電子よりも重く、崩壊して一個の電子と二個のニュートリノになることができる。このプロセスにかかる時間を実験室で測定したところ、ミュー粒子の寿命はおよそ百万分の一秒であることがわかった。寿命が百万分の一秒だということは、粒子が光速で突き進んだとしても、崩壊するまでにおよそ三百メートルしか進めないことになる。つまり、大気の上層部で作られたミュー粒子は、けっして地上には届かないはずなのだ。ところが地表に届く宇宙線の主成分は、陽子と電子、そしてミュー粒子なのである。

このパラドックスは相対性理論によって説明できる。ミュー粒子は光速に近い速度で運動しているため、ミュー粒子の「時計」はわれわれの時計よりもゆっくりと進む。それゆえ、ミュー粒子自身の座標系では、崩壊するまでの時間は平均して数百万分の一秒だが、地球上にいるわれわれの座標系では、ミュー粒子が飛んでいるわずかのあいだに、数秒ほどの時間（これはかなり長い時間である）が経過するのである（実際の寿命の長さは、ミュー粒子がどれぐらい光速に近いスピードで飛んでいるかによる）。

もうひとつ、どうしても紹介せずにはいられないパラドックスがある（それは私のお気に入りのパラドックスなのだ）。そのパラドックスは、相対論的効果がいかにリアルなものかを教えてくれるだけでなく、現実世界のありかたが各人により異なるさまを鮮やかに見せてくれる。

あなたが新品の大きなアメリカ車をもっているとしよう。あなたはその車を、光速にかなり近いスピードで私のガレージに乗り入れ、私にお披露目《ひろめ》したいと思っている。さて、静止しているあなたの車の長さは、三メートル六十センチだ。私のガレージも、きっかり三メートル六十センチである。しかしあなたは猛烈なスピードで走っているので、私があなたの車の長さを測定すれば、たとえば二メートル四十センチしかなくなる。こうして、あなたは何の問題もなく、ほんの一瞬（あなたがガレージの奥の壁にぶつかるか、私が奥のドアを開けてあなたを出すかするまで）私のガレージに車を収めることができる。

一方、あなたにしてみれば、私とガレージは猛烈なスピードで動いているので、ガレージの長さを測ると二メートル四十センチしかない。ところがあなたの車は三メートル六十センチあるのだから、あなたの車は私のガレージには収まらなくなるのだ。

このパラドックスの不思議なところは、ここでもまた、あなたも私も両方とも正しいということだ。私はたしかに、ガレージのドアを閉め、あなたの車を少しのあいだだけガレージに収めることができる。一方あなたは、私がドアを閉める前に、車がガレージの奥の壁に激突するのを感じるのである。

お互いにとってこれ以上リアルなことはない。しかしすでにおわかりのように、この場合の現実は、観測者にとっての現実である。重要なポイントは、各人の「今」は、遠方の出来事に関しては、いわばその本人だけに通用する「今」だということだ。車の運転をしている人は、「今」、車の前部はガレージの奥の壁に触れ、後部はガレージの入口から突き出していると主張するだろう。一方、ガレージの所有者は、「今」、ガレージ入口の扉が閉まり、車はまだ奥の壁に達していないと主張するのである。

あなたの「今」と私の「今」は異なり、あなたの「秒」と私の「秒」、あなたの「センチメートル」と私の「センチメートル」が異なるというなら、いったい何を頼りにすればいいのだろうか？　頼りにできるのは、相対性理論が明らかにした空間と時間との新しい結びつきである。すでに述べたように、光の速度が有限だということを考慮すると、空間は時間的な性質をもつことになる。しかしこれまで見てきた例は、この考えをさらに先まで押《お》し進める。ある人にとっての距離、たとえば、ある瞬間に測定した列車の先端から後端までの距離などには、別の人にとっての時間が混じり込んでくるということだ。第二の観測者は、この二つの測定（観測者から車の先端までの距離と、車の後端までの距離の測定など）が、実は同時に行なわれたのではなく、別の時刻に行なわれたと主張するだろう。別の言いかたをすれば、ある人にとっての「空間」は、別の人にとっての「時間」になりうるのである。

今日の目からみれば、これはさほど驚くべきことではない。光速度の不変性は、かつては考えられなかったようなやりかたで空間と時間とを結びつける。ある速度が（速度とは、一定時間内に移動する距離である）、相対運動をしている二人の観測者にとって同じ値になるためには、二人の観測者が測定する空間と時間が異なっていなければならない。絶対性はたしかに存在する。しかしそれは、空間と時間それぞれ別個の絶対性ではなく、この二つを組み合わせたものの絶対性でなければならないのだ。

その絶対性を見出すのはそれほど難しくない。tという時間間隔にcという速度で飛ぶ距離dは、$d=ct$である。もし第二の観測者が光の速度を測定した結果も同じcになるなら、そのとき時間間隔t'と距離d'は、$d'=ct'$という関係を満たさなければならない。この式を二乗して少し変わった書きかたをすると、$s^2=c^2t^2-d^2=c^2t'^2-d'^2$となる。この$s^2$という量は、どの観測者にとっても等しくゼロでなければならない。これは、洞窟の住人がひらめきを得たときと同じように、空間と時間に対するわれわれの考えかたを変えさせる鍵となることがらだ。

洞窟の壁に定規の影が映ったとしよう。あるときには、次のようなものが見えるだろう。

[redacted]

また別のときには、同じ定規が次のような影を投げかける。

[redacted]

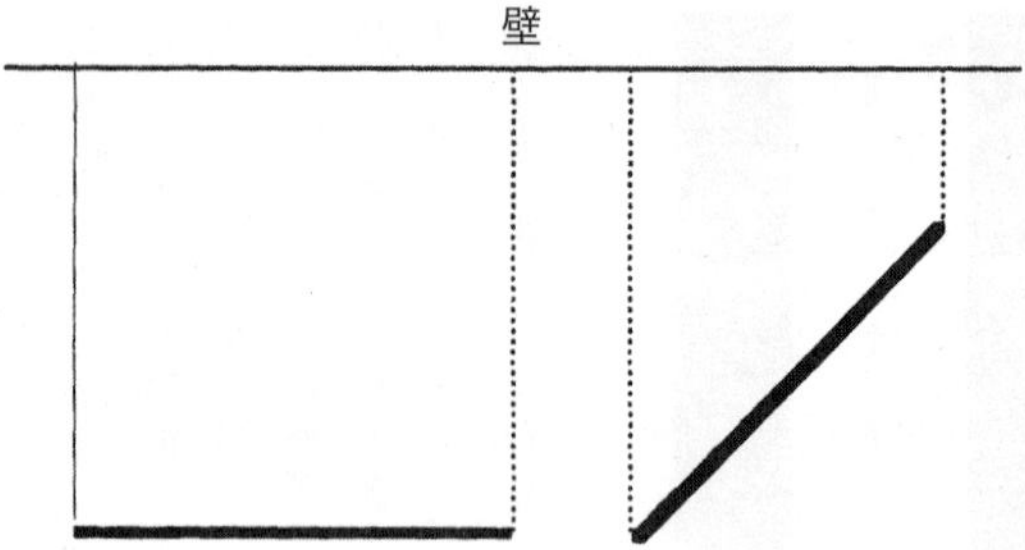

あわれな洞窟の住人にとっては、定まった長ささえも一定ではないのだ。いったい何が起こっているのだろうか？　三次元に住むわれわれは二次元の影にこだわる必要はないので、この問題を別の角度から眺めることができる。上から見下ろせば、定規の配置には二つの場合があるとわかるだろう（上図）。

上図の右側では、最初の位置に対して定規は回転している。このように回転しても定規の長さは変わらず、ただ壁に投影される「成分」が変わるだけである。たとえば二人の観測者が、互いに九十度の角度をなす二つの壁に投影された影をそれぞれ見るとすると、回転した定規は、それぞれの壁に投影された長さ（これを成分という）をもつことになる。

定規の実際の長さがLだとすると、ピュタゴラスの教えるところによれば、$L^2=x^2+y^2$

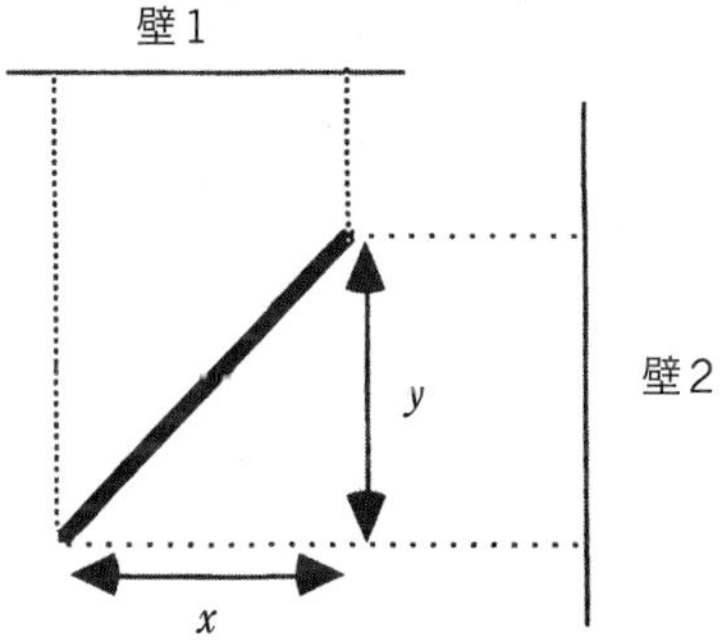

が成り立つ。xとyとがそれぞれどのように変わっても、二乗の和は常に一定なのである。一方の観測者がy方向の長さを測定した結果がゼロなら、そのとき他方の観測者がx方向の長さを測定した結果は最大値になる。定規が回転していれば、y方向の長さはゼロではなく、x方向の長さは最大値より小さくなる。

相対運動をしている二人の観測者から見た空間と時間の性質は、驚くほどこれと似ている。猛烈な速度で走っている列車は、私には短くなって見えるだろうが、しかしその列車にはいくらか「時間の広がり」がある。すなわち、列車の前部と後部についている時計は（列車に乗っている観測者にとって、これら二つの時計は同調しているものとして）、私には同調していないように見えるのである。とくに重要なのは、sという量が、洞窟の例におけるL（空間での長さ）と類似していることだ。

sは「時空」の間隔$s^2=c^2t^2-d^2$として定義されたことを思い出そう。これは、出来事と出来事とのあいだの空間距離と時間間隔とを組み合わせたものである。そして、それら二つの出来事が、光線の描く軌跡上にある場合には、sは必ずゼロになる。互いに相対運動をしている二人の観測者は、dとtにそれぞれ別々の値を与えるだろうが、やはりsはゼロである。さらに、二つの出来事の起こった時空内の点が、光線によって結ばれておらず、あるひとりの観測者にとって距離d、時間tだけ離れているという場合も、それらを組み合わせて作ったsという量は（その値はもはやゼロとは限らない）、すべての観測者にとって同じになる。測定されたdとtは、観測者ごとに異なっていても、sは同じになるのである。

このように、sは空間と時間に関する絶対的な量である。互いに回転した位置にいる二人の（何人でもよいが）観測者にとってのLに相当するものが、相対運動をする二人の観測者にとってはsなのだ。sは「時空の長さ」なのである。このように、われわれの暮らすこの世界は、四次元で記述するとたいへんに都合がよい。空間の三つの次元と時間のひとつの次元とは、さきほど見たx方向とy方向のように、密接に結びついている（結びつきかたまでまったく同じではないが）。そして運動は、この四次元空間の影を、われわれが「今」と呼ぶ三次元空間上にさまざまな形で映し出す。それはちょうど、位置を回転させることにより、三次元の物体が二次元の洞窟の壁にさまざまな影を映し出すのと同じことである。アインシュタインは、光速度の不変性にこだわり抜いて新しい洞察を得、われわれの多くにとっては夢でしかないことをやり遂げた。彼は洞窟を逃げ出して、人間の置かれた条件を乗り越え、一段深いところにあるこの宇宙の本当の姿を垣間見《かいまみ》たのである。ちょうど洞窟の住人が、円と四角が、実は同じひとつのものの異なる影だと気づいたように。

◇

アインシュタインの名誉のために言っておくが、彼はそこにとどまらなかった。時空の描像《びょうぞう》は、これではまだ完結していなかったのである。そこで彼はふたたび光をガイド役にして探検をつづけた。互いに等速度で運動しているすべての観測者にとって、自分に対する光の速度は c である。しかし、自分は静止しており、他の観測者は運動しているということを証明できる者はいない。運動はみな相対的なのだ。だが、速度が一定でなかったとしたらどうだろう？　もし観測者のひとりが加速度運動をしていたら？　この場合、誰もが――加速度運動をしている本人も含めて――この変わり者は加速度運動をしているということで意見が一致するのだろうか？

この問題の本質に迫るため、アインシュタインは誰にでも経験のある状況を考えた。

エレベーターに乗っているとき、そのエレベーターが動きだせばすぐにそれとわかるのはなぜだろうか？　エレベーターが上向きに動きだせば、一瞬、身体が重くなったように感じ、下向きに動きだせば、一瞬、身体が軽くなったように感じるからだ。しかしそう感じるのは、重力が急に強くなった（あるいは弱くなった）せいかもしれないではないか。なぜエレベーターが動いていると言えるのだろう？

答を言えば、その二つを区別することはできないのである。外の見えないエレベーターの中でどんな実験をやってみても、自分が加速しているのか、それとも強い重力場の中にいるのかを区別することはできない。

この話をもっと簡単にすることもできる。エレベーターを、周囲に地球のような物体のない空間に置いたとしよう。エレベーターが静止しているか、または一定の速度で運動しているとき、エレベーターの床に向かってあなたを引っ張るものは何もない。しかし、エレベーターが上向きに加速していれば、床は上向きに（足の裏から）あなたを押すだろう。エレベーターの中にいるあなたは、下向きに床に押しつけられたように感じるはずだ。もしあなたが手に持っていたボールを離せば、ボールは床に向かって「落ちる」だろう。

ボールはなぜ落ちるのだろうか？　もしボールがはじめに静止していたのなら、ガリレオの法則から、ボールはそのまま静止しているはずである。ところが床は上向きに、ボールに向かって加速してくる。あなたの視点からは（その視点は、エレベーターと一緒に上向きに加速している）、ボールは落下しているように見えるだろう。さらに言えば、この議論はボールの質量とは関係がない。もしあなたが質量の異なるボールを六個持っていたとすれば、どのボールも同じ加速度で「落下」するだろう。なぜなら、床はどのボールに対しても同じ加速度で接近してくるからだ。

ガリレオがあなたと一緒にエレベーターに乗っていたなら、彼は、エレベーターは地球上に戻ったのだと断言するだろう。彼が地上の物体について生涯をかけて証明したことのすべてが、エレベーター内の物体についても成り立つからである。ガリレオは、等速度運動をしているすべての観測者にとって物理法則は同じであることに気づいたが、アインシュタインは、一定の加速度で運動する――あるいは一定の重力場の中にいる――すべての観測者にとって、物理法則は一定であることに気がついたのだ。こうしてアインシュタインは、加速度さえも相対的であることを証明した。ある人についての加速度は、別の人にとっては重力なのである。

アインシュタインはふたたび洞窟の外を見た。もし重力がエレベーターの中で生み出されるのなら、われわれはみんなエレベーターの中にいるようなものではないだろうか？　われわれが重力と呼ぶものは、実はわれわれの特殊な視点と関係があるのではないだろうか？　では、われわれの視点のどこが特殊なのだろう？　それは、われわれは

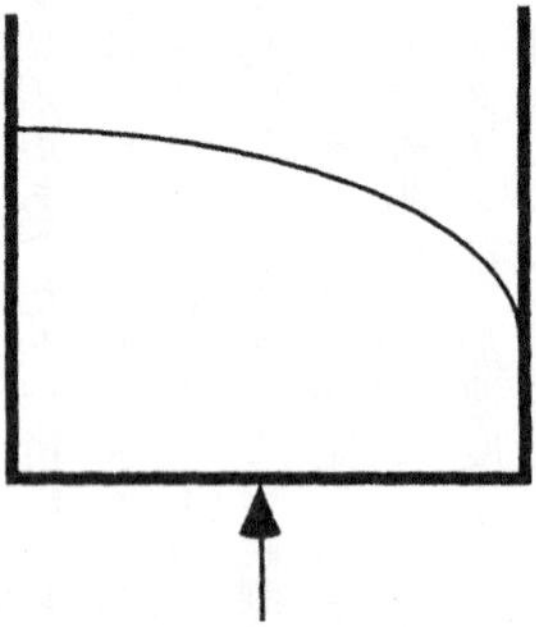

地球という大きな質量の上にいるということだ。地球の質量とわれわれとのあいだに働く力とみなされているものは、実は、地球の質量がわれわれの周囲の環境――すなわち空間と時間――に及ぼす影響の結果ではないのだろうか？

この謎を解くために、アインシュタインはふたたび光に立ち返った。彼はすでに、時間と空間との関係は、光速度の不変性により決定されることを明らかにしていた。では、加速しているエレベーターの中では、光はどんな振る舞いをするだろうか？　外部の観測者にとって、光は一定の速度で直進する。しかし上向きに加速しているエレベーターの中では、光の経路は上図のように見えるだろう。

エレベーターの座標系では、エレベーターは（光とは関係なく）上向きに加速しているのだから、光は下向きに曲がるように見えるだろう。言い換えると、光は落下するように見えるだろう。そして、加速しているエレベーターと、重力場の中で静止しているエレベーターは同じだというなら、光は重力場の中でも曲がるはずなのだ！　実を言えば、これはそれほど驚くべき結論ではない。アインシュタインはすでに、質量とエネルギーとは等価であり、互いに変換できることを示していた。光を吸収した物体は、光のエネルギーのぶんだけ質量が増え、光を放出した物体は、やはりそのぶんだけ質量が減る。つまり光はエネルギーを運べるのだから、それに等価な質量をもつように振る舞うだろう。そして質量をもつ物体はすべて、重力場の中では落下するのだ。

しかしこの考えかたには根本的な問題がある。落下するボールの速度はどんどん大きくなる。つまりボールの速度は位置とともに変わる。ところが光の速度は変わらない。光の速度がすべての観測者にとって一定だということは特殊相対性理論の大原則であり、観測者が光に対して（他の観測者から見たときに）どんな速度で運動していようとこの事実に変わりはない。それゆえ、エレベーターの左上の隅にいる観測者が、エレベーターに入ってきた光の速度を測定すれば c という値が得られるだろうし、エレベーターの右下の隅にいる観測者が、エレベーターから出てゆく光の速度を測定してもやはり c という値が得られるだろう。右下にいる観測者がこの光を見るときの速度（観測者の速度）は、左上にいる観測者が光を見るときの速度よりも大きくなっているはずだが、そ

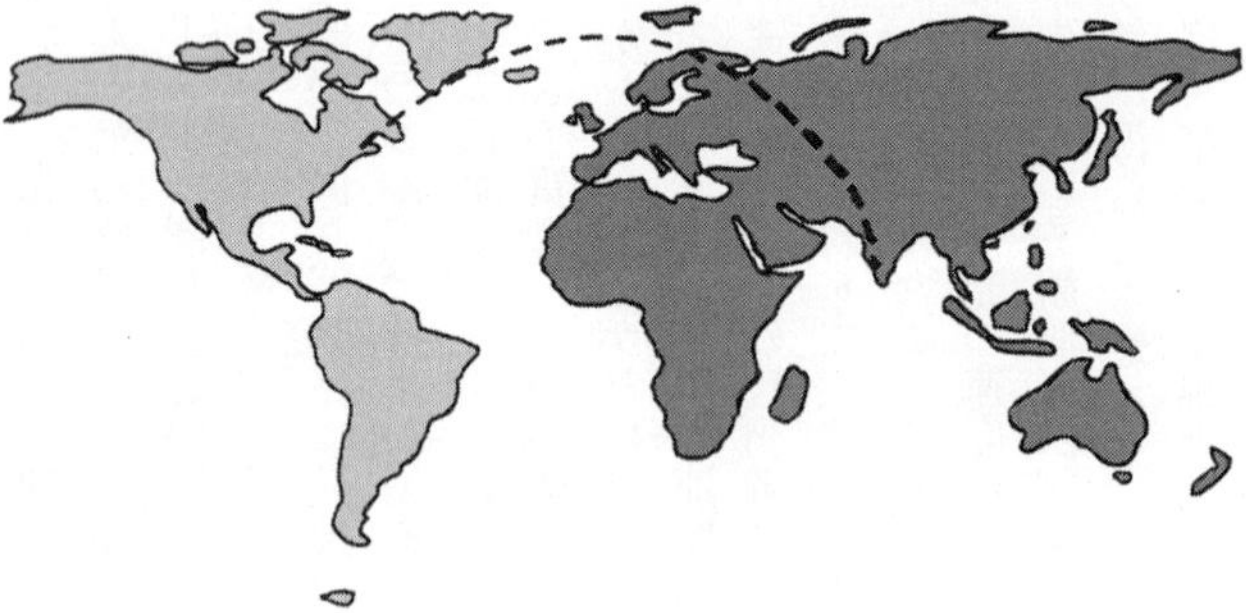

のことは問題ではない。

　では、光の速度はどちらの観測者が測定してもcになるという事実と、光の進路は大域的に曲がり、それゆえ光は落下するはずだという要請とを折り合わせるためにはどうすればいいだろうか？　しかもアインシュタインは、もしも私が重力場の中にいるなら、加速するエレベーターの中にいるときと同じものが見えると主張した。そうだとすると、私が重力場の中で静止していれば、光はやはり落下するだろう。そんなことが起こるのは、大域的に見たときに、光の速度が場所ごとに変わる場合だけである。

　光は大域的には曲がり、速度も加速される。一方、光は局所的にはまっすぐ進み、しかもどの点で測定しても速度はcになる。この二つを両立させる方法がひとつだけある。ある座標系（加速しているエレベーターの座標系や、重力場の中で静止しているエレベーターの座標系）の中に何人かの観測者がいたとして、それぞれの観測者がもつものさしと時計とが、場所ごとに変化することにすればよいのである。

しかし、もしもそんなことが許されたら、大局的な空間と時間の意味はどうなってしまうだろうか？　この問題を解決するには、例の洞窟に戻り、前頁のような図を考えてみるのがよい。これはニューヨークからムンバイ（ボンベイ）に向かう飛行機の軌跡を洞窟の壁に映し出したものである。

飛行機が一定速度で飛んでいるとして、この曲がった軌跡が局所的に直線に見えるためにはどうすればいいだろうか？　ひとつの方法は、地球表面上を移動するにつれ、ものさしの長さが変わってもよいと認めることである。そして、地図上ではヨーロッパ全体よりも大きく見えるグリーンランドは、はじめにグリーンランドの地でその大きさを測定し、次にヨーロッパに行って、同じものさしでヨーロッパの大きさを測定した観測者にとっては、たしかにヨーロッパよりも小さくなるようにするのだ。

こんな解決策は、少なくとも洞窟の住人にとっては馬鹿げたものにみえるだろう。しかしわれわれは、洞窟の住人よりも多少はものを知っている。実をいえばこの解決策は、この地図のもとになっている表面は、実際に「曲がっている」と認めることに等しいのである。地球の表面は球面であり、それを平面上に映し出したのがこの地図なのだ。この方法で地図を作れば、北極または南極に近いところの距離は、地球上で実際に測定した距離にくらべて長く引き延ばされることになる。この地図を球面として眺めることにより（それができるのは、三次元という有利な視点に立てるおかげだ）、われわれは二次元に囚《とら》われた視点から解放されるのだ。地図上の曲がった線は、実は経線になっている。経線は、地球の表面上に引かれた直線で、地球上の二点を結ぶ最短距離である。二地点を結ぶまっすぐな経路に沿って一定速度で飛んでいる飛行機は、二百十六頁の図のような曲線を描くことになるのである。

ここからどんな結論が引き出せるだろうか？　ここから得られる結論は、加速している座標系や、重力場が存在している座標系について見出されたルールは、何もおかしなものではないということだ。それらのルールは、基礎となる時空が曲がっていると考えることに等しいのである。矛盾に陥《おちい》らないためには、われわれはこの結論を認めるしかない。

しかし、もしも時空が曲がっているというなら、なぜわれわれはそれを直接的に感じ取れないのだろうか？　その理由は、われわれは常に一点から、局所的な視点で空間を見ているからである。それはちょうど、カンザス州に棲《す》む一匹の虫のようなものだ。その虫にとって、世界は自分が這いまわる二次元平面にほかならず、板のように平らに見えるだろう。この表面を三次元の枠組みにはめ込むことができてはじめて、丸い地球を直接的にイメージすることができるのだ。同様に、三次元空間が曲がっているようすを直接的にイメージするには、それを四次元の座標系にはめ込まなければならない。われわれにそれができないのは、一生を地表に縛りつけられた虫には三次元空間を直接経験できないのと同じことである。

この意味において、アインシュタインは二十世紀のクリストファー・コロンブスだった。コロンブスは「地球は丸い」と論じた、われわれの目には隠されたこの地球の本当の姿をつかむために、コロンブスは、西に向かって船出し、東から帰ってこられるはずだと主張したのだった。一方、アインシュタインは、われわれの住む三次元空間が曲がっていることを直接的に知るためには、重力場が存在するときの光線の振る舞いがわかりさえすればよいと主張した。そしてアインシュタインは、三つの検証方法を提案した。第一に、光は太陽のそばを通るとき、平坦な空間を単に落下するときよりも（光がエネルギーに等価な質量をもち、太陽の重力に引かれて落下すると考えたときの値よりも）二倍だけ大きく曲がるはずだということ。第二に、太陽付近の空間が少しだけ曲がっているために、太陽の周囲をめぐる水星の軌道の向きが毎年ずれる（歳差《さいさ》運動）ということ。第三に、高いビルの基部では、ビルのてっぺんよりも時計が速く進むことである。

水星軌道が歳差運動をすることは以前から知られており、実際、その変化の割合はアインシュタインの計算とぴたりと一致することがわかった。しかし、すでにわかっていることを説明したところで、まったく新しい予測をするほどの興奮はない。アインシュタインが提案した残る二つの予測は、後者に属するものだった。

一九一九年、サー・アーサー・スタンレー・エディントンの率いる観測隊が、皆既日食《かいきにっしょく》を観測するために南アメリカに向かった。太陽のそばに見える星は、日食が起こっているあいだだけ観測することができる。エディントンの観測隊は、その星があるべき場所からずれて見えたこと、そしてそのずれが、アインシュタインが予言した値とぴったり同じだったと報告した。

こうして、光線はたしかに太陽の近くでアインシュタインの予測どおりに曲がることがわかり、アインシュタインは一躍有名になった。しかし、第三の予測がハーバード大学の物理学実験室で確かめられたのは、それから四十年も後のことだった。ロバート・パウンドとジョージ・レブカが、ビルの基部で発信された光の振動数と、その光線を建物のてっぺんで受信したときの振動数とが違っていることを示したのである。この振動数のずれは、きわめて小さかったが、またしてもアインシュタインの予測したとおりだった。

一般相対性理論の観点からは、重力場の中で加速された物体（光も含む）がたどる曲がった軌跡は、背後にある空間の曲がりによる効果と考えられる。これを理解するには、やはり二次元で考えてみるのがよい。ある物体が、それよりもはるかに大きな物体に、

らせんを描きながら近づいているとしよう。それを二次元に投影したものは、洞窟の壁では次のように見えるだろう。（次頁上）

この動きを説明するために、二つの物体間に働く力を仮定することもできる。あるいは、この図を三次元空間に埋め込んで、物体がその上で運動している面そのものが曲がっているのだと考えることもできる。このとき物体は、大きな物体の及ぼす力を受けているのではなく、単に、この曲面上でまっすぐな軌道をたどっていることになる。（次頁下）

アインシュタインはまさにこのようにして、質量をもつ物体間に働く重力は、質量の存在によって周囲の空間が曲がる結果だと考え、物体は単にその曲がった時空のなかをまっすぐ運動しているにすぎないと論じたのだった。物体が存在することと時空の曲がりとのあいだには、驚くべきフィードバックが存在するのである。それはまたしても自分の尻尾を食べる蛇、ウロボロスを思い出させる。空間の曲がりは物体の運動を支配し、物体の存在が空間の曲がりを支配するのだ。物体と空間の曲がりのあいだに、このようなフィードバックが存在するため、一般相対性理論の計算はニュートンの重力理論の場合よりもはるかに複雑になる。ニュートンの重力理論では、物体が運動するときの背景は固定されていたからである。

普通、空間の曲がりはとても小さいため、われわれがその影響に気づくことはない。

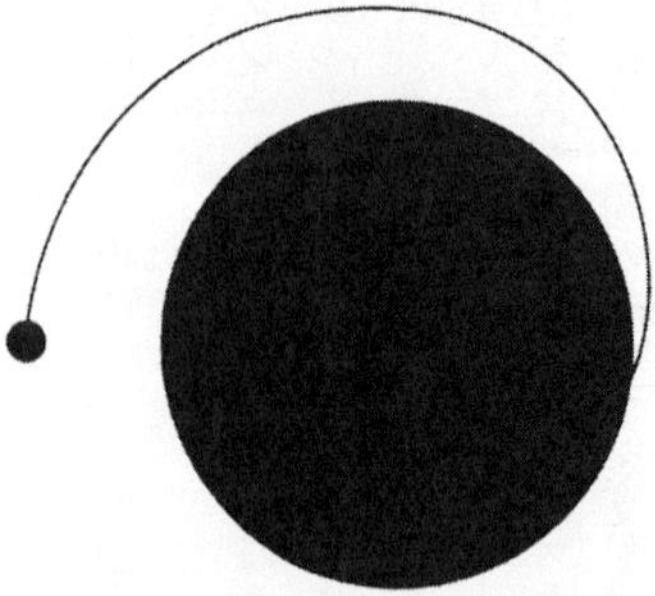

らせんを描いて近づく物体の二次元図

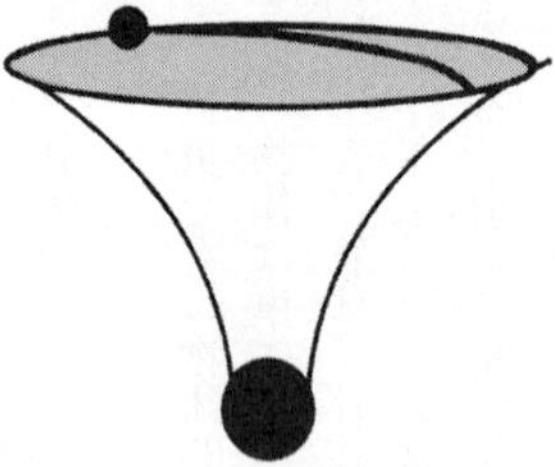

曲面に沿っての運動（三次元）

曲がった空間という概念になじめないのも、曲がりの小ささが一因である。光線がニューヨークからロサンゼルスまで飛んだとしても、地球の質量によって生じる曲がりはわずか一ミリ程度でしかない。しかし塵《ちり》も積もれば山となる。たとえば、さきに取りあげた一九八七年の超新星は、二十世紀に観測されたもっとも胸躍る天文学上の出来事だった。しかし、簡単に計算できるように（実は、私と同僚は、その計算の結果に非常に驚き、それを論文にして発表した）、この超新星から出た光が、銀河系を横切ってわれわれのところにたどりつくまでには、空間の小さな曲がりが積もり積もって九カ月も遅れることになるのだ。空間が曲がっておらず、一般相対性理論が無用だったら、一九八七年の超新星は一九八六年に観測されていただろう。

◇

アインシュタインのアイディアを検証する究極の実験場は、宇宙それ自体である。一般相対性理論は、局所的な質量を取り巻く空間の曲がりかたを教えてくれるだけでなく、全体としての宇宙全体の幾何学は、宇宙に存在する物質に支配されていることを示唆《しさ》する。もしも宇宙の平均質量密度が十分に大きければ、宇宙空間の曲がりも十分に大きくなり、空間はくるりとまるまってしまうだろう（二次元である球面の三次元版のようなものである）。いっそう重要なのは、この場合、宇宙はいずれ膨張をやめ、ビッグバンの逆をゆく「ビッグクランチ（大収縮）」を起こすことである。このように平均密度の高い宇宙のことを、「閉じた宇宙」と呼ぶ。

「閉じた宇宙」には、なにかしら不思議な魅力がある。私がはじめて閉じた宇宙のことを知ったのは、高校生のときに聴講した天体物理学者トマス・ゴールドの講義でだった。あのときから、閉じた宇宙が私の頭を離れたことはない。くるりとまるまった宇宙では、光は、ちょうど地球の緯線や経線のように、出発点に戻ってくる――もちろん光にしてみれば、その空間の中をまっすぐ進んでいるだけなのだが。つまり光は、けっして無限のかなたに逃げていくことができないのである。

さて、小さなスケールでそれと同じことが起こるとき――つまり、物質の密度が高いために光すらそこから逃げられないとき――われわれはそれをブラックホールと呼ぶ。それゆえ、もしもこの宇宙が閉じているなら、われわれはブラックホールの中で暮らしていることになるのだ！　なんだか想像していたものと違うし、ディズニー映画とも違うではないか、と思われるかもしれない。それというのも、系が大きくなればなるほど、ブラックホールを作るために必要な平均質量密度はどんどん小さくなるからである。太陽と同じ質量をもつブラックホールを作れば、半径約一キロメートル、平均密度は一立方センチメートルあたり何トンにもなる。ところが、目に見える宇宙ほどの質量をもつブラックホールは、やはり目に見える宇宙ほど大きく、その平均密度はおよそ一立方センチメートルあたりわずか 10^{-29} グラムにしかならないのである。

しかし現在の知識によれば、われわれはどうやらブラックホールの中で生きているわけではなさそうだ。宇宙空間の平均密度は、「閉じた宇宙」（くるりとまるまり、いずれは収縮する宇宙）と、「開いた宇宙」（果てがなく、膨張をつづける宇宙）の、ちょうど境目ぐらいの値だと考えられている。このちょうど境目の平均密度をもつ場合は「平坦な宇宙」と呼ばれ、やはり空間には果てがなく、膨張のペースはしだいに遅くなるけれども、完全に止まることはない。

しかし平坦な宇宙になるのでさえ、目に見える物質よりもはるかに多くの物質が必要だ。それも、なんと百倍もの物質が必要なのだ。物理学者たちが、宇宙の九十九パーセントは暗黒物質（望遠鏡では見えない物質）でなければならないと言うのは、宇宙は平坦だと考えているからなのである。

この仮説を検証するにはどうすればいいだろうか？　ひとつの方法は、第3章で述べたように、銀河や銀河団のまわりに存在する全物質の密度を求めることである。しかしこれとは別の方法もある。その方法は、カンザスに住む賢い虫が、地球をぐるりと一周したり、地上はるかに飛び上がったりすることなく、地球が丸いかどうかを知るための方法と本質的には同じものである。カンザスの虫には球をイメージすることはできないが（それは、われわれが曲がった三次元空間をイメージできないのと同じことだ）、し

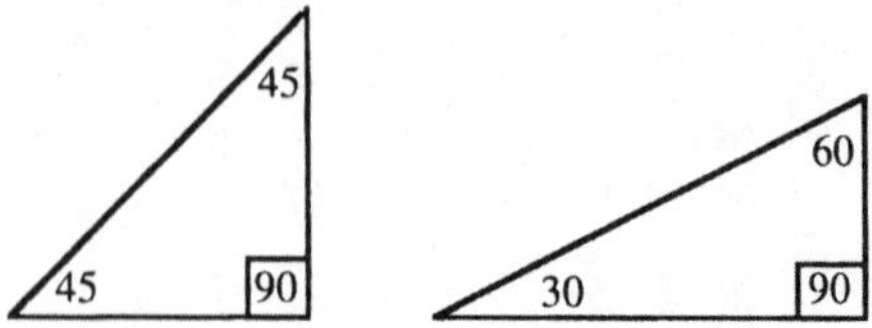
45
45
90
60
30
90

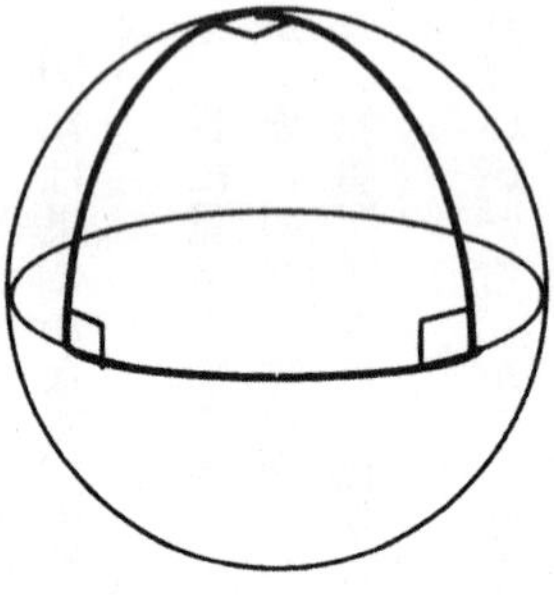

かし二次元平面での経験を一般化することにより、球というものを想像することはできるかもしれない。

地表で行なえる幾何学の測定のなかには、表面が球である場合にだけ矛盾の生じないものがある。たとえば、ユークリッドが二千年以上前に示したように、紙の上に描かれた三角形の内角の和は必ず百八十度になる。仮に、ひとつの角が九十度であるような三角形を描けば、残り二つの角の和は九十度になる。したがって、それら二つの角のそれぞれは、前頁上の図に示すように、九十度よりも小さくなければならない。

しかし、これが成り立つのは平らな紙の上だけである。球面上では、赤道に沿って一本の線を引き、それから北極めざして経線をたどり、北極で九十度に折れ、別の経線をたどって赤道まで戻れば、三つの角がどれも九十度であるような三角形を描くことができる（前頁下）。

読者は、半径 r の円の円周は $2\pi r$ だと覚えているかもしれない。しかし球面上では、たとえば北極からあらゆる方向に距離 r だけ離れた点をつないで円を作れば、その円周は $2\pi r$ よりも小さくなる。この状況は、球を外側から眺めるとわかりやすい（次頁）。

地球の表面上に大きな三角形や大きな円を描き、ユークリッドの予測からのずれを測定すれば、地球は球であることがわかるだろう。しかしこの図からわかるように、そのずれがある程度の大きさになるためには、地球サイズの図形を描かなくてはならない。

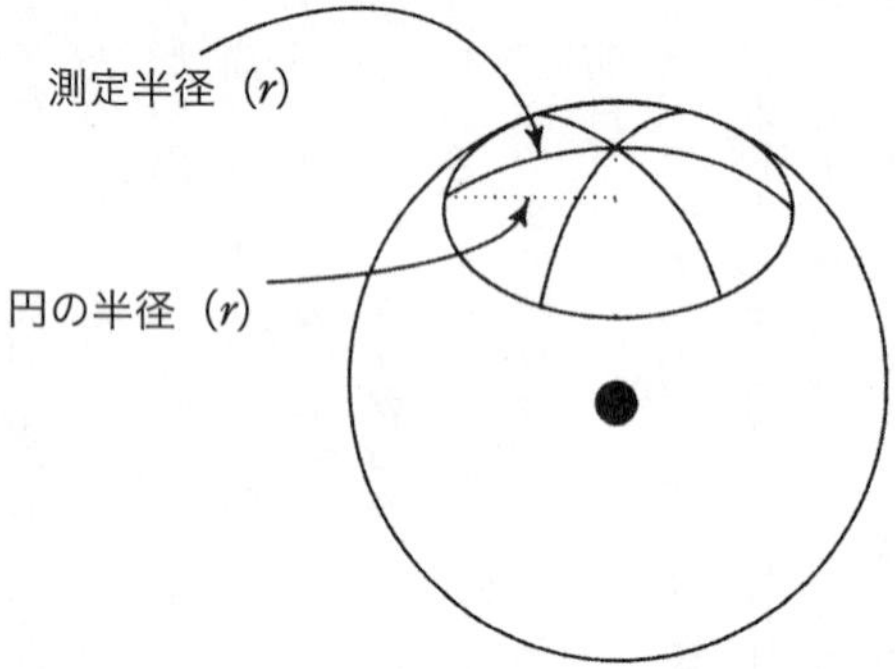

同じ方法で、三次元空間の幾何学を調べることもできる。その場合は円周を用いるのではなく（円周は、二次元表面の曲がりぐあいを描き出すには良い方法だった）、球の表面積、あるいは体積を用いなければならない。地球の位置に中心をもち、十分に大きな半径 r をもつ球を考えよう。もしわれわれの三次元空間が曲がっているなら、その球の内部にある体積は、ユークリッドの予測からずれるはずである。

しかし、目に見える宇宙のなかでそれなりの割合を占めるような、巨大な球の体積を求めるにはどうすればいいだろうか？　そのためにまず、銀河の分布はいつの時代も、また宇宙のどの領域でも、あまり変わらないものと仮定する。そうすると、宇宙のどの領域についても、その体積と、そこに含まれる銀河の個数とは比例すると考えられる。したがって、原理的には、距離の関数としての銀河の個数を数えるだけで体積がわかることになる。そして、もしも空間が曲がっているなら、ユークリッドの予測からのずれが検出できるはずである。

実際一九八六年に、プリンストンの二人の若い天文学者、E・ローとE・スピラーが銀河の個数を数えてみた。二人が公表した結果は、まさに理論家たちが予想していたとおり、宇宙は平坦だということを支持する証拠になりそうだった。しかし残念ながら、そのデータからは決定的な結論は引き出せないことがまもなく明らかになった。銀河は時間とともに進化し、銀河どうしが合体したりするために、銀河の個数にあいまいさが生じるからである。銀河の個数を数える努力は今も引き続き行なわれている。

宇宙の幾何学を探るもうひとつの方法は、大きさのわかっている物体を見込む角度を測ることである。たとえば、ものさしを目から離して持ったとすると、平面上で考えてみれば明らかなように、ものさしが遠ざかれば遠ざかるほど、それを見込む角度は小さくなる（次頁上）。ところが球面上では、必ずしもそうとは限らない（次頁下）。

最近、遠方の銀河の中心部にある非常にコンパクトな天体について、それを見込む角度が系統的に調査された。測定には電波望遠鏡が使われ、目に見える宇宙の大きさのおよそ半分ぐらいの距離までが調べられた。距離が大きくなるにつれて角度が示す振る舞いは、平坦な宇宙に対して予測された値とほぼ一致した。しかし私と同僚は、この調査

d

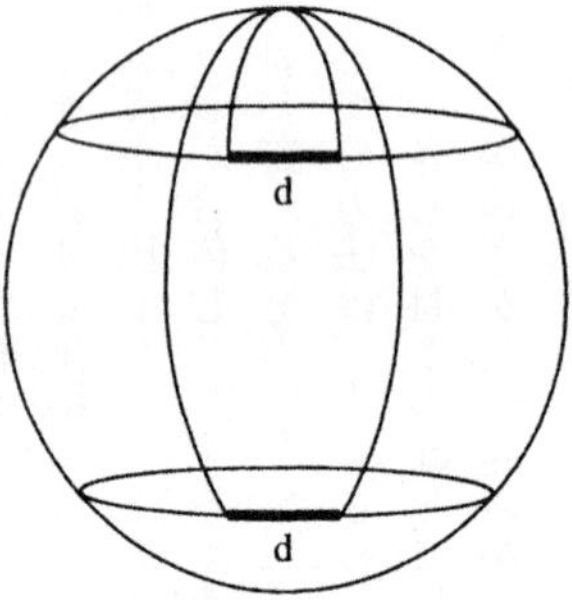
d
d

にもやはり、宇宙の進化のためにあいまいさが生じることを示した。この問題をきちんと解決するためには、さらなる検証が必要だろう。

宇宙論に対する幾何学的な検証の精度は、今のところはこの程度である。しかしアインシュタインが空間と時間のあいだの隠れた関係を明るみに出して以来、空間と時間に対するわれわれの理解は、なんと遠くまで進んだことだろう。いまやわれわれは、自分たちが四次元の宇宙に住んでいることを知っている。その四次元宇宙のなかで、ひとりひとりの観測者は自分だけの「今」を定義しなければならず、そうするなかで時空を切り分け、われわれが空間と時間として知覚する別々のものにしているのだ。われわれは、空間と時間とが分かちがたく結びついていることを知り、質量の大きな物体の近くでは時空が曲がり、われわれはそれを重力として感じていることも知っている。さらには、もう少しのところで宇宙の曲がりかたまでも測定できそうである。それがわかれば、宇宙の未来に何が待ち受けているのかもわかるだろう。

比喩的な意味において、われわれは洞窟に住んでいるのかもしれない。それでもなお、壁に映る影は、はっきりとした証拠を与えてくれた。洞窟の影の背後には、この宇宙をいっそう理解可能にし、いっそう予測可能にしてくれる驚くべき結びつきが隠れているという証拠を。

◇

あまり話が大きくなる前に、日常的な世界に戻ってこの章を終えたいと思う。私は身近な例をあげると約束して、空間と時間のような簡単なものから話をはじめたが、結局は宇宙全体の話になってしまった。しかし、われわれの宇宙像を簡単なものにしてくれる隠れた結びつきが潜んでいるのは、小さなスケールや壮大なスケールの世界ばかりとは限らない。空間、時間、物質についてこれまで述べてきたような大発見がなされていたちょうどそのころ、一方では、水と鉄のように似ても似つかぬ物質の本性について、新しい関係性が明らかにされていたのである。こうした対象は日常的なものだが、しかしその発見の影響は多岐にわたっている。そのひとつが、「究極の」理論を探すというのはどういうことかを再考させてくれることなのだが、それについては本書の最終章で取りあげることにしよう。

われわれの身のまわりの物質はとても複雑に見える。それというのも、物質の振る舞いは実にさまざまだからである。化学工学や材料科学などの分野は、産業界のバックアップも強く、研究資金も潤沢《じゅんたく》だ。なぜなら、物質を加工すればたいていの需要は満たせるからである。ときには偶然に新物質が開発されることもある。たとえば現在大きな関心を呼んでいる常温超伝導も、ほとんど錬金術的と言っていいほどの偶然に端を発している。ＩＢＭ研究所の二人の研究者が、新しい超伝導体が発見できるかもしれないという期待から、なんら物性理論の裏づけなしにいくつかの材料を組み合わせてみたのである。

しかしその一方で、新物質の開発は、偶然よりはむしろ経験的判断と理論の導きによって成し遂げられることも多い。たとえばシリコンは、コンピューター（や、われわれの生活）を支えている半導体の主成分だが、ある種の半導体により適した物質を探すという一大分野を切り開くことになった。ガリウムもそうした物質のひとつであり、次世代の半導体に使えることを見越して、すでに大量に備蓄が行なわれている。

もっと単純でありふれた物質にも奇妙な振る舞いをするものがある。私がいつも思い出すのは、高校の物理の先生が――もちろん冗談半分にだが――物理学には神の存在を証明するものが二つあると話してくれたことだ。そのひとつである水は、あらゆる物質のなかでほとんど唯一、凍るときに膨張する。もし、このたぐいまれなる特徴がなければ、湖は表面からではなく底から凍りはじめるだろう（水より氷のほうが重くなるため、氷は沈んで湖底にどんどんたまっていく）。魚は冬を生き延びることができず、われわれが知るような形での生命は生まれなかったに違いない。二番めとして先生が挙げたのは、コンクリートと鋼鉄の「膨張係数」（熱したときに物質が膨張する割合）がほとんど同じだという事実だった。もしそうでなかったら、夏や冬にひびが入ってしまうから、現代の巨大なビルはありえなかっただろうというのだ（しかし私は、二番めの例はあまり説得力がないと思っている。もしコンクリートと鋼鉄の膨張係数が同じでなかったら、同じ係数をもつような別の建築材料が開発されただろうからだ）。

第一の例に戻ると、おそらく地上でもっともありふれた物質である水が、凍るときに他のほとんどの物質と異なる振る舞いをするというのは非常に興味深いことである。実際、水は、凍るときに膨張するという風変わりな点を除けば、外界の物理的条件が変われば物質は変化することを示す典型例となっている。

水は、地球上の自然な温度変化のなかで凍りもすれば沸騰もする。自然界にみられるそのような変化のことを「相転移《そうてんい》」と呼ぶ。固相《こそう》から液相《えきそう》へ、液相から気相《きそう》へと、物質の「相」が変化するのである。あらゆる物質について、相と、相転移を支配する条件とがわかりさえすれば、物理学の重要な部分はほとんどわかったと言ってよい。

ところが現実には、それを知るのはとても難しいのである。なぜなら、相転移が起こるあたりの変数領域では、物質の状態が非常に複雑になるからだ。水が沸騰すれば激しい渦が巻き起こり、水面では泡がはじける。しかしそんな複雑さのなかに、しばしば秩序の種《たね》が蒔《ま》かれているのである。牛は絶望的なほど複雑に見えるかもしれないが、すでに見たように、細部をすべて明らかにしなくとも、牛のさまざまな特徴は簡単なスケーリング則に支配されていた。それと同様に、沸騰している水の泡をひとつひとつ記述することなど望むべくもない。しかし、たとえば水がある温度と圧力で沸騰したときにみられる一般的な特徴を明らかにし、それらの特徴のスケーリング的な振る舞いを調べることはできる。

たとえば普通の大気圧で水が沸点に達したとき、その中の小さな体積をランダムに選んで調べたとしよう。このとき次のような問題を考えることができる。この体積は、気泡の領域に含まれているのだろうか？　それとも水の領域に含まれているのか？　あるいはそのどちらでもないのだろうか？　小さなスケールでは、ものごとは非常に複雑になる。たとえば、たった一個の水分子について、それが気体であるか液体であるかを問題にしても意味はない。というのは、気体と液体を区別しているのは、非常に多数の分子の位置関係（たとえば分子間の平均距離など）だからである。また、液体や蒸気の中で動きまわっている分子の小さな集団を考えても意味がないのは明らかだろう。なぜなら、分子の集団は動きまわって衝突するため、お互いが十分に離れていて蒸気の状態にあると考えられる一定数の分子集団もあれば、たまたま互いに接近していて、液体の状態にあると考えられる分子集団もありうるからである。しかし、十分多数の分子を含む領域を考えれば、それが液体なのか気体なのかを問題にすることに意味が出てくる。

水が普通の条件下で沸騰するときには、水蒸気の泡と液体とが共存している。このとき、水は沸点で（海面の高さで摂氏百度）「一次の相転移」を起こすと言われる。沸点に達してから十分な時間が経つと、巨視的な分量の水が安定して、液体か気体かをはっきりさせることができる。ちょうど沸点では、液体、気体、どちらの状態も可能である。また、少しでも低い温度では、水はかならず液体に落ち着き、少しでも高い温度では蒸気に落ち着く。

水が沸点で液体から気体に転移するようすは、局所的にはきわめて複雑に見える。しかし圧力の値をひとつ決めれば、それに付随してある体積のスケールが決まり、そのスケールでは水がどの状態にあるかと問うことに意味が出てくる。そのスケールよりも小さい体積では、局所的な密度がすばやくゆらぎ、液体と気体との区別はつけにくくなる。しかしそのスケールよりも大きな体積では、平均密度のゆらぎが十分に小さく、気体か液体かどちらかの性質をもつことになる。

これほど複雑な系に、このような驚くべき秩序がみられるのは、一粒の水滴にも信じられないほどたくさんの分子が含まれているからである。少数の分子の集団は突飛な振る舞いをするかもしれないが、平均的な振る舞いをする分子が圧倒的多数を占めるため、わずかばかりの逸脱分子は大勢《たいせい》に影響しないのだ。これは人間社会によく似ているように私には思われる。選挙で投票する人をひとりひとり見れば、それぞれ理由があってどれかの候補に票を入れるのだろう。なかには候補者リストにない名前を書く人もいる。しかし、テレビ局などが出口調査を行なってすみやかに当選者を予測できるのは、大多数の人が平均的な振る舞いをするからにほかならない。平均すれば、個々人の違いは打ち消しあってしまうのである。

そんな隠れた秩序が見つかれば、われわれはそれを利用することができる。たとえば次のような問いを発することに意味が出てくる。水が沸騰する温度と圧力の組み合わせを変えてやれば、液体と気体とを区別できるスケールも変わるのだろうか？　圧力を高くしていけば、水蒸気と水の密度差は小さくなり、沸点は高くなる。この新しい沸点まで温度を上げてやると何が起こるだろうか？　少し考えれば予想できるように、気体と液体の密度差が小さくなっているため、この二つの状態のあいだでゆらぐ領域の体積は大きくなる。

さらに圧力を高くしていくと、ある温度と圧力のところで、液体と気体を区別することに意味がなくなる（そのときの圧力と温度の値を「臨界値《りんかいち》」という）。たとえ無限大の体積を考えても無意味なのだ。あらゆるスケールで密度がゆらぎ、無限大の領域を考えたとしても、それが液体か気体かを区別できなくなるのである。この温度よりもわずかに低いところでは、水の密度は液体と呼ぶにふさわしく、この温度よりもわずかに高ければ、密度は気体と呼ぶにふさわしい。ところがこの臨界温度では、あなたがどう考えるかに応じて、液体でもなければ気体でもないとも言えるし、液体であり気体でもあるとも言えるのだ。

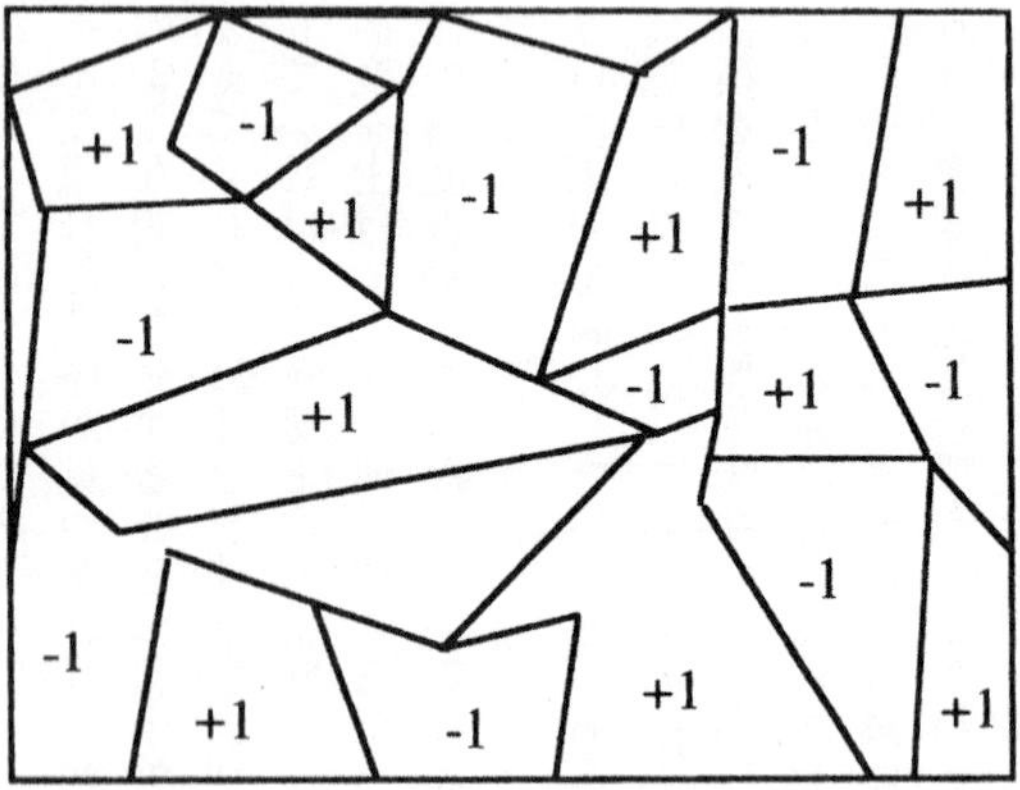

臨界点における水は、あらゆるスケールで まったく同じに見えるという、驚くべき状態になる。調べるスケールを大きくしていっても同じに見える状態のことを、「自己相似」という。対象の密度が変われば色も変わるような特殊カメラを用い、小さな領域の拡大写真を撮ったとすれば、できた写真は普通の倍率で撮った写真と同じに見えるだろう。小さな領域が大きく写っているだけで、色のバラツキはまったく同じになるのだ。実は、臨界点の水の中では、「臨界タンパク光」と呼ばれる現象が起こる。密度のゆらぎがあらゆるスケールで起こるため、あらゆる波長の光が散乱され、水は急に不透明になって、まるでオパール（タンパク石）のような光を発するのである。

この状態の水にはさらに魅力的な面がある。

どのスケールで見ても同じなので（それが「スケール不変性」である）、水の微視的構造（水の分子は二個の水素原子と一個の酸素原子でできているということ）は重要ではなくなる。臨界状態にある水は、密度だけによって特徴づけられるのである。たとえば、わずかに密度の高い領域に＋1という印をつけ、わずかに密度の低い領域には－1という印をつけたとしよう。このとき水は、いかなる観点から見ても、あらゆるスケールで前頁の図のように見えるだろう。

これは単なる模式図ではない。臨界点領域の水は、あらゆるスケールで、物理的にはたったひとつの有効自由度（＋1と－1という二つの値をとる）でしか区別できないという事実が、この相転移の性質を完全に決定しているのである。つまり、水の液相‐気相の相転移は、臨界点において＋1と－1で記述できてしまうような、ほかのどんな物質の相転移とも完全に同じなのだ。

鉄を例にあげよう。鉄のかたまりとコップ一杯の水との区別がつかない人はまずいないだろう。さて、磁石で遊んだことのある人なら誰でも知っているように、磁石に近づけると、鉄は磁化する。微視的に見れば、鉄の原子のひとつひとつが磁石になり、それぞれがN極とS極をもつのである。近くに磁石がない普通の条件下では、鉄の原子はでたらめに並び、平均すると個々の磁場は打ち消しあうため巨視的な磁場は生じない。ところが近くに磁場があると、鉄の中のすべての原子磁石は外場と同じ向きにそろい、巨視的な鉄磁石ができるのである。外磁場が上向きなら原子磁石も上を向き、外磁場が下向きなら原子磁石も下を向く。

さてここで、原子磁石が上または下しか向けないという、理想化された鉄の小片を考えよう。低温で上向きの外磁場がかかれば、原子磁石は上向きにそろう。しかし外磁場が弱まってゼロになれば、もはや原子磁石に向きを指図するものはなくなる。それでも原子は同じ向きにそろっていたほうが平均するとエネルギー的には得なのだが、個々の原子磁石はバラバラな向きを選ぶ。上を向くものもあれば、下を向くものもある。ということは、そのような鉄の磁石は相転移を起こせるということだ。外磁場がゼロになれば、それまで外磁場の向きにそろっていた小さな原子磁石は、ランダムな熱的ゆらぎにより、鉄の小片全体にわたって自発的に下向きにそろうことが可能になる。

数学的には、これは水の場合とよく似ている。「上を向く」を「密度が少し高い」に、「下を向く」を「密度が少し低い」に置き換えてみよう。水の場合と同様、外磁場がないときの磁石には、ひとつの特徴的なスケールが存在する。そのスケールよりも小さな領域では、熱的ゆらぎにより磁石の向きが変わる。それゆえ、その領域に対して、正味の磁気的な向きがあるとかないとか言うことはできない。これよりも大きなスケールでは、熱的ゆらぎでは平均的な磁場の向きを変えることはできず、平均磁場は一定に保たれる。さらに、外磁場をゼロにしたまま温度をあげると、鉄は臨界点に達する。ここで、向きのゆらぎは鉄の小片全体にゆきわたり、どのスケールで見ても同じになり、たとえその鉄の小片が無限に大きかったとしても、原子磁石の向きでそれを特徴づけることはできなくなる。

ここで重要なのは、臨界点においては、水も磁石も厳密に同じだということだ。微視的な構造がまるで違うことは重要ではない。なぜなら、臨界点における物質内部のようすは、たった二つの自由度（上と下、密度の大小）だけで、しかもあらゆるスケールで特徴づけられてしまうからである。微視的なスケールでも、大きなスケールでも同じになるため、物理学者は、微視的な違いにはこだわらなくなる。臨界点に近づいたときの水の振る舞いは、磁石の振る舞いと完全に同じなのだ。液体だろうが気体だろうが、磁場が上向きだろうが下向きだろうが、そんなことはどうでもよい。ある系に対して行なえるような測定はすべて、他の系でもまったく同じように行なえるだろう。

さまざまな系に対して、スケーリングの性質――今の場合であれば、臨界点近くのスケール不変性――を利用して、さもなくばとてつもなく複雑な状況のなかで一貫性と秩序とを見いだせたことは、「凝縮物質の物理学」と呼ばれる分野の偉大な成功のひとつである。物質の物理に対するわれわれの知識に革命を起こしたこのアプローチは、一九六〇年代から一九七〇年代にかけて、コーネル大学のマイケル・フィッシャーとケネス・ウィルソン、そしてシカゴ大学のレオ・カダノフによって開発されたものである。このアイディアは、スケールに関連して複雑さが問題になるような物理学のあらゆる分野に輸出された。ウィルソンは、このテクニックが水ばかりか素粒子の振る舞いにも利用できることを示し、その業績に対して一九八二年にノーベル賞を受賞した。最終章ではそれについて話すことにしよう。

彼らが明らかにしたのは、われわれが日常出会う複雑で多様な物質の背後には統一性があるということだった。それは素粒子物理学という極微《ごくび》のスケールや、宇宙論という、もしかすると無限かもしれないスケールでだけの話ではない。やかんがピーと鳴ったとき、あるいは朝目が覚めて窓についた氷を目にしたときに、そんな統一性に思いをめぐらしてみてはどうだろうか。

第3部　原　理

第5章　対称性に始まり、対称性に終わる

「ほかに、何か注意しなくちゃならないことはありませんかね？」

「事件当夜の犬のことでしょうね」

「犬はあの晩、何もしませんでしたよ」

「それが妙だというんです」と、シャーロック・ホームズ。

サー・アーサー・コナン・ドイル

対称性《シンメトリー》について考えるときに、芸術家たちが思い浮かべるのは、雪の結晶やダイヤモンド、あるいは池に映った景色のような、はてしない可能性ではないだろうか。ところが物理学者にとっては、対称性とはすなわち不可能性にほかならない。物理学を実際に前進させているのは、「何が起こっているか」がわかることではなく、「何が起こらな

いか」がわかることなのである。経験の教えるところによれば、この広大な宇宙においては、起こる可能性のあることは必ず起こる。そんな宇宙にも秩序があるのは、ある種のことがらは絶対に起こらないと、百パーセントの確実さで断言できるからなのだ。

星どうしの衝突は、ひとつの銀河では百万年に一度しか起こらないため、稀有《けう》な出来事のように思えるだろう。しかし知られている銀河をすべて考え合わせれば、星どうしの衝突は、目に見える宇宙の中で年間何千回も起こっていることになる。それに対して、地上のボールが勝手に浮かび上がるという事件は、たとえ百億年待っても決して起こらない。それが秩序というものだ。対称性は、現代物理学のもっとも重要な概念的道具であるが、それというのも対称性は、絶対に変わらないこと、絶対に起こらないことを明らかにしてくれるからなのである。

自然界にみられる対称性は、二つの重要なやりかたで物理学を導いている。ひとつは、たくさんある可能性のうち、あるものを禁止すること。もうひとつは、禁止されなかった可能性について、それを記述するにはどんな方法が適切かを決定することである。しかし、そもそも対称性があるとはどういう意味だろうか？

雪の結晶を例に挙げよう。雪の結晶は、数学者が「六回対称性」と呼ぶ対称性をもっている。これは、「雪の結晶には、まったく同じに見える方向が六つある」という意味である。その六つの方向のいずれから見ても、雪の結晶は何も変わらない。もうひとつ、もっと極端ではあるが、すでにおなじみの例をあげよう。牛を球形のものとして考えてみるのだ。なぜ球形なのだろうか？　それは球が、考えられるかぎりもっとも対称性の高い形だからである。どれだけ回転させても、鏡に映して左右反対にしても、球はもとの球に見える。何も変わらないのである。

しかし、それのどこがありがたいのだろうか？　球のありがたみは、回転させても反転させても何も変わらないため、半径というたったひとつの変数だけで記述できる点にある。そのおかげで、球のあれこれの性質の変化は、半径をスケーリングするだけで（つまりいろいろ変えてみるだけで）記述できるのである。この性質は一般に成り立つ――すなわち、対称性が高ければ高いほど、少ない変数で完全な記述ができるのだ。

この性質がどれだけ重要かは、いくら強調してもしすぎることはない。この性質については後で褒《ほ》め称《たた》えるつもりである。しかし今のところは、「対称性は変化を禁じる」という点に焦点を絞ることが大切だ。

この世界の著《いちじる》しい特徴は、シャーロック・ホームズがけげんそうな顔のグレゴリー警部に教えてやったように、ある種のことがらは起こらないということである。ボールが勝手に階段を昇ったり、廊下を転がりだしたりすることはない。桶の中の水が勝手に沸騰することはなく、振り子が二回めの振動で一回めよりも大きく振れることもない。このような特徴はすべて、自然界の対称性からもたらされているのである。

このことが認識されはじめるきっかけは、十八世紀と十九世紀の古典的数理物理学者、フランスのジョゼフ－ルイ・ラグランジュと、イギリスのウィリアム・ローワン・ハミルトンの仕事だった。この二人はニュートン力学に対し、より一般的で首尾一貫した数学的基礎を与えようとしたのである。そしてその仕事は、二十世紀の前半になって、才能あふれるドイツの女性数学者エンミ・ネーターのおかげでみごとに実を結んだ。

残念ながら、ネーターほどの頭脳をもってしても、男性社会のなかでやっていくのは容易ではなかった。ネーターが得た職は、有名なゲッチンゲン大学の数学科だったが、そのポストは期限つきで、しかも無給だった。さらにそのポストさえも、一九三三年には反ユダヤ主義的な法律のために奪われてしまったのだ――当時最高の数学者であったダーフィト・ヒルベルトが彼女の味方についてくれたにもかかわらず（ヒルベルトがゲッチンゲン大学の教授たちに向かって、「大学は公衆浴場ではない［男と女を区別するな］」と言ったのは有名な話である。残念ながら、大学の教授たちが社会問題に敏感だったためしはない）。

彼女がその名を冠して呼ばれることになる「ネーターの定理」で明らかにした数学上の成果は、物理学にとって重大な意味をもつものだった。それを物理的に述べれば次のようになる。「物理系の力学的な振る舞いを支配する方程式が、ある変換のもとで変化しないとき、そのような変換のひとつひとつに対して保存される物理量が存在する」ここで「保存される」というのは、「時間が経っても変わらない」という意味である。

この簡潔な結論は、一般向けの科学書のなかでもっとも誤解されている概念のひとつを説明するのに役立つ（大学の物理学の教科書でも誤解しているものがたくさんある）。というのもこの定理のおかげで、「ある種のことがらは絶対に起こらない」わけが明らかになるからだ。たとえば、頭のいかれた科学者が好んで発明する永久機関（永久に運動をつづけるという機械）を考えてみよう。第1章でも取りあげたように、そういう機械はときとして驚くほど精巧であるため、思慮分別のある多くの人たちが、いいカモになってそんな機械に投資してきた。

永久機関が不可能であることを説明するとき、一般にはエネルギー保存則を使用することが多い。厳密な定義をするまでもなく、たいていの人はエネルギーの何たるかを直観的に知っているため、永久機関はなぜ不可能かを説明するのはそれほど難しくない。三十五ページの仕掛けの図をもう一度見てほしい。そこで説明したように、一サイクルが完了したとき、部品のそれぞれは最初の位置に戻っている。サイクルの開始時点で静止していた部品は、サイクルが完了した段階でもやはり静止している。さもなければ、サイクルが完了した時点ではじめよりエネルギーが増えていることになるから、どこかでエネルギーが生成されていなければならない。ところが機械には何も変化がないのだから、エネルギーが生成されるはずはないのである。

しかし懲《こ》りない発明家はこう言うかもしれない。「エネルギーがたしかに保存される（増減しない）という証拠はあるのか？　エネルギー保存則は、例外が許されないほど特別なものなのか？　この法則にも、うまい抜け道があるかもしれないではないか。アインシュタインだって、はじめは頭がおかしいと思われていたんだぞ！」

この議論にも一分《いちぶ》の理はある。何であれ、頭から信じ込んでいいはずはないからだ。学部学生向けの本にはどれにも、「エネルギーは保存される」と書いてある（なかには太文字で書いてある本もある）。そして、これは自然界における普遍法則であり、あらゆる形態のエネルギーについて成り立つと述べられている。なるほどこれは人類にとって非常に役立つ自然界の特徴かもしれないが、問題は保存則が「なぜ成り立つか」だ。エンミ・ネーターはわれわれにその答を与えてくれた。しかし残念なことに、多くの教科書にはそこまで突っ込んだ説明がされていない。これほど驚くべき性質がある理由をきちんと説明しないとすれば、世間一般にありがちな物理学のイメージを助長することになるだろう――いわく、物理学とはありがたくも神秘的な学問で、法則は丸暗記しなければならず、それを理解できるのは秘伝を授けられた者だけだ、と。

では、なぜエネルギーは保存されるのだろうか？　ネーターの定理によれば、エネルギーの保存則には、なんらかの対称性と関係があるはずだ。すでに説明したように、対称性とは、変換を施《ほどこ》してもすべてが前と同じように見える性質のことである。実は、エネルギー保存則に関係する対称性は、まさに物理学そのものを可能にしている対称性なのである。われわれは、自然の法則は今日も明日も同じだと考えている。もしもそうでなかったら、毎日違う物理学の教科書が必要になっていただろう。そこでわれわれは――これはある程度まで仮説なのだが――自然の法則はすべて、時間並進《へいしん》変換のもとで変化しないと考える。「時間並進変換のもとで変化しない」というのは、「自然の法則は、いつ検証しても同じである」ということを専門的に言い表わしたものである。これは仮定といえば仮定だが、しかし以下に示すように、検証可能な仮定である。そしてこの仮定を認めるならば、時間が経っても変わらない量（それをエネルギーと呼んでかまわない）が存在することを、厳密に（つまり数学的に）示せるのである。それゆえ新しい法則が発見されるたびに、その法則がエネルギー保存則を破っていないだろうかと心配する必要はない。われわれが仮定しなければならないのは、基礎となる物理学のもろもろの原理が時間とともに変化しないことだけなのである。

では、この仮定を検証するにはどうすればいいだろうか？　まずできることは、エネルギーがたしかに保存されているのを確かめることだろう。しかしこれだけでは、あなたや発明家たちを納得させることはできないかもしれない。だがこれとは別の方法もある。自然の法則そのものを時間をかけてチェックし、時間が経ってもその予測が変わらないことを確かめるのだ。エネルギー保存則が成り立つことを保証するためには、自然の法則が変化しないことを確かめるだけで十分なのである。ここでわれわれは、単にエネルギーが保存されているかどうかを確かめる新しい方法を手にしただけでなく、もっと重要なことを学んだことになる。エネルギー保存則を放棄することが、いったい何を意味するかを学んだのだ――エネルギー保存則を信じないのなら、自然の法則は時間とともに変化すると考えざるをえなくなるのである。

自然の法則が時間とともに変化する可能性を考えることは、少なくとも宇宙の時間スケールで見るかぎり、あながち馬鹿げたことではない。なにしろ宇宙そのものが時間とともに膨張し、変化しているのだ。微視的な物理法則が、巨視的な宇宙の状態と関係していてもおかしくはないだろう。実際、一九三〇年代には、ディラックがそんなアイディアを提案した。

物理学には、目に見える宇宙を特徴づける大きな数がいくつかある。宇宙の年齢、宇宙の大きさ、宇宙に含まれる素粒子の数などがそれである。しかしその一方で、重力の強さのように、途方もなく小さな数もある。ディラックは、重力の強さは、宇宙の膨張とともに変化するのではないか、重力は時間とともに弱くなっているのではないかという説を提唱したのである。ディラックは、もしそうだとすれば、今日《こんにち》の重力が他の三つの力と比較してこれほど弱い理由を説明できると考えた。なんといっても宇宙は古いのだから。

ディラックがこの考えを提唱して以来、重力のみならずその他の力についても、直接、間接に多数の検証が行なわれてきた。しかしこれまでのところ、力の強さが時間とともに変化したという証拠は得られていない。それどころか基本定数はほとんど変化していないという意味で、きわめて厳しい上限が課されたのである。たとえばビッグバンで作られた軽い元素の存在量を観測した結果、その値は、今日の基本定数の値を使って行なった理論計算とよく合致《がっち》することがわかった。このことは、宇宙の年齢がわずか一秒だったころから百億年ものあいだ、重力の強さには二十パーセント以上の変化はありえなかったということを意味している。これはつまり、われわれが知りうるかぎり、重力は時間とともに変化しないということだ。

とはいえ、仮に微視的な物理法則の形と、巨視的な宇宙の状態とのあいだになんらかの関係があったとしても、それら二つを結びつけている物理学の原理は変化しないと考えられる。今の場合であれば、エネルギーの定義を一般化することにより、エネルギーが保存されるようにすることは常に可能である。どんどん小さな（あるいは大きな）スケールを探っていく過程で、新しい物理学の原理が現れたとき、「エネルギー」という言葉の意味を一般化することはいっこうにかまわない。しかし、われわれがエネルギーと呼ぶことのできる何かは、物理法則が時間とともに変化しないかぎり、やはり保存されるのである。

エネルギーの概念は、これまで何度も見直しを受けてきた。わけても衝撃的だったのは、アインシュタインの特殊相対性理論と一般相対性理論による見直しだろう。これら二つの理論によれば、異なる二人の観測者が基本的な量を測定すれば、観測者それぞれにとっては正しいが、値としては異なる結果が得られることになる。それゆえ、測定結果は絶対的なものではなく、特定の観測者に対して得られたものと考えなければならない。

さて、宇宙全体（もしくは重力の影響が無視できないくらい大きな系）を理解しようとすれば、時空が曲がることまで考慮して一般化したエネルギーを考える必要がある。しかしながら、目に見える宇宙にくらべてずっと小さなスケールで宇宙の力学を考えるときには、時空の曲がりの影響は非常に小さくなる。この場合には、エネルギーの適切な定義は、従来のものと同じ形になる。そしてこのことから、エネルギー保存則は宇宙スケールでもしっかりと成り立っていることを示す実例が得られる——以下に述べるように、宇宙の運命を決めているのはエネルギー保存則なのだ。

◇

「上がったものはかならず落ちる」などと言われるが、古いことわざの例に漏れず、これもまた必ずしも正しくない。宇宙船の例を見ればわかるように、地表から打ち上げたものが二度と落ちてこない場合もあるからだ。実を言えば、地球の重力から逃げ出すためには、ある普遍的な（つまりすべての物体について同じ）速度が必要なのである（もし脱出速度が普遍速度でなかったなら、月着陸を使命としたアポロ計画ははるかに困難なものになっていただろう。たとえば宇宙船を造るにしても、宇宙飛行士ひとりひとりの体重まで考慮しなければならなかったはずだ）。実は、普遍的な脱出速度が存在するのは、エネルギー保存則が成り立っているからなのである。

地球の重力を受けながら運動している物体のエネルギーは、二つの部分に分けて定義することができる。ひとつは、その物体の速度に依存する部分で、「運動エネルギー」と呼ばれる。物体の速度が大きければ大きいほど、運動エネルギーも大きくなる。静止している物体の運動エネルギーはゼロである。もうひとつは、重力場の中にある物体がもつことになるエネルギーで、「ポテンシャル・エネルギー（または位置エネルギー）」と呼ばれる。地上十五階の高さにロープで吊るされたグランドピアノは、落下したときに大きな損傷を与える潜在的可能性（ポテンシャル）をもっている。物体の位置が高ければ高いほど、その物体がもつポテンシャル・エネルギーも大きくなり、物体が落下したときの影響も大きくなる。

離れた物体間のポテンシャル・エネルギーは、負の値をもつとみなされる。これは単なる取り決めにすぎないが、その背景には次のような事情がある。物体が地球（もしくは他の重い物体）から無限に遠いところで静止しているとき、その全エネルギー（ポテンシャル・エネルギーと運動エネルギーを加えたもの）をゼロと定義する。この物体は静止しているのだから運動エネルギーはゼロになり、全エネルギーがゼロなのだから、ポテンシャル・エネルギーもやはりゼロでなければならない。しかし、物体どうしが接近するにつれてポテンシャル・エネルギーは減少するから（ピアノが地表に近づくにつれてポテンシャル・エネルギーが減少するように）、その値はどんどん絶対値の大きな負の値になるしかないのである。

この取り決めに従うならば、地球の表面近くで運動している物体のエネルギーを二つに分けたそれぞれの部分は、互いに逆の符号をもつことになる（運動エネルギーは正、ポテンシャル・エネルギーは負）。では、それら二つを合わせたものは、ゼロよりも大きいだろうか？　それとも小さいだろうか？　これは重大な問題である。なぜなら、もしエネルギーが保存されるなら、全エネルギーが負の状態で運動をはじめた物体は、決して地球から脱出できずに地上に戻るからである。いったん地球を脱出して無限のかなたに到達した物体は、たとえ運動が遅くなって停止したとしても、その全エネルギーはゼロである（つまり負にはならない）。また、全エネルギーが負の状態で運動をはじめた物体は、なんらかの形でエネルギーを加えてやらないかぎり、全エネルギーが正またはゼロになることはない。これに対して、最初の運動エネルギー（正の値）が、ポテンシャル・エネルギー（負の値）とちょうど釣り合うとき、つまり最初の全エネルギーがゼロになるとき、その運動エネルギーに対応する速度が脱出速度である。脱出速度をもつ物体は、原理的には、地球を脱出して二度と戻らないようにすることができる。また、運動エネルギーとポテンシャル・エネルギーは、どちらも同じ形で物体の質量に依存しているため、脱出速度は質量によらない。地球の表面から出発する場合であれば、脱出速度は秒速十キロメートルほどになる。

もしも宇宙が等方的《とうほう》（どちらを見ても同じ）ならば、「宇宙が永遠に膨張しつづけるか」という問題は、「十分に離れている銀河どうしが永遠に離れつづけるか」という問題と同じである。そしてこの問題は、地表で放り上げたボールが落ちてくるかどうかという問題とまったく同じなのだ。もしも銀河どうしの相対速度が（この速度は宇宙が膨張しているために生じる）、銀河どうしの引力によって生じる負のポテンシャル・エネルギーに打ち勝てるぐらいに大きければ、銀河どうしは永遠に遠ざかっていくだろう。

もし銀河の運動エネルギーがポテンシャル・エネルギーとぴったり釣り合っているなら、全エネルギーはゼロになる。このとき銀河どうしは永遠に離れつづけるが、時間とともに速度はしだいに遅くなり、無限のかなたに遠ざかるにつれて速度はゼロに近づく。これはまさに、まえに説明した「平坦な宇宙」（われわれは平坦な宇宙に暮らしていると考えられている）に関する説明と同じである。したがって、今日われわれが暮らすこの宇宙が平坦であるならば、宇宙の全（重力）エネルギーはゼロである。ゼロというのはきわめて特殊な値であり、これもまた平坦な宇宙を魅力的にするのに一役買っている。

宇宙は開いているのか閉じているのか、華々しい終末を迎えるのか、しょぼくれた終わりかたをするのかを決めているのは、エネルギーなのである。「宇宙に終わりはあるのか？」という、人類にとってもっとも深遠な疑問に対する答は、大きな銀河の集団について膨張速度と総質量を測定し、それを別の集団のものとくらべてみればわかる。こうして求めた系《けい》の全エネルギーがゼロよりも大きいかゼロに等しければ、宇宙は永遠に膨張をつづけるだろう。宇宙の運命は、要するに差引勘定の問題になるのである。

◇

自然界にはもうひとつ、時間並進不変性と密接な関係のある「空間並進不変性」という対称性がある。自然の法則は、「いつ」それを測定しても同じであるように、「どこで」測定しても同じである。もしこの不変性がなかったら、大学ごとどころか建物ごとに別の物理学入門講座が必要になるという、学生にとっては恐ろしい事態になるだろう。

空間並進不変性という対称性からもたらされるのが、「運動量」という保存量である。多くの人にとって、運動量は慣性としておなじみだろう。慣性とは、はじめに運動していた物体はいつまでも運動をつづけ、はじめに静止していた物体はいつまでも静止しつづけるという性質のことである。運動量の保存則は、「運動する物体は、外力が働かないかぎり等速運動をつづける」というガリレオの発見の基礎となる原理である。デカルトが運動量のことを「運動の量」と呼び、それは「神によって与えられたもの」であり、宇宙のはじめから決まっていると考えた。現代のわれわれは、運動量が保存されるというデカルトの主張が正しいのは、物理法則が場所によって変わらないからだということを知っている。

しかしこのことは、いつの時代も理の当然とされていたわけではなかった。実際、一九三〇年代の一時期には、素粒子レベルでは運動量が保存されないのではないかと考えられていたのだ。その理由はこうである。運動量が保存されるなら、静止していた系が突然いくつかの断片に分裂したとき（たとえば爆弾が破裂するときのように）、すべての断片が同じ方向に跳び去るわけにはいかない。これは直観的にも明らかだが、運動量保存則によれば、最初の運動量がゼロならば（系が静止している場合はこれにあたる）、外力が系に作用しないかぎり、運動量はいつまでもゼロでなければならないため、事態はいっそうはっきりする。系が分裂した後になっても運動量がゼロであるためには、ある方向に跳び去った断片に対しては、それと逆向きに跳び去った断片が存在する必要がある。なぜなら運動量は、エネルギーとは異なり、速度と同じく向きをもつ量だからだ。それゆえ一個の粒子がある運動量をもって飛び出したとすれば、それを打ち消すために

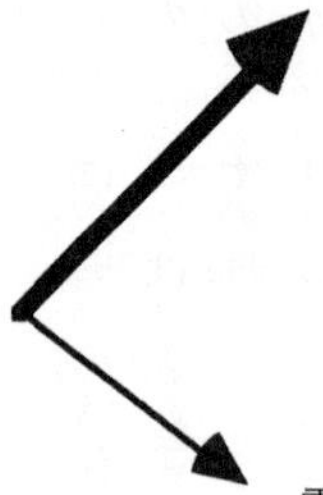

は、それと同じだけの運動量が逆向きに飛び出さなければならない。
原子核を構成する粒子のひとつである中性子は、単独で存在しているときは不安定で、およそ十分ほどで崩壊して電子と陽子になる。電子と陽子はいずれも電荷をもっているのである。（同じ大きさで逆の符号をもつ）検出可能である。ところで、静止していた中性子が崩壊すると、たとえば上のような軌跡が観測されるだろう。
しかし運動量保存則によれば、爆弾の場合と同様、陽子と電子が二つとも右側に飛んで行くわけにはいかず、どちらか一方は左側に飛ばなければならない。ところが、まさにこの図に類するようなことが実際に観測されたのである。そこで、「運動量保存則は素粒子に対しても成り立つのだろうか？」という問

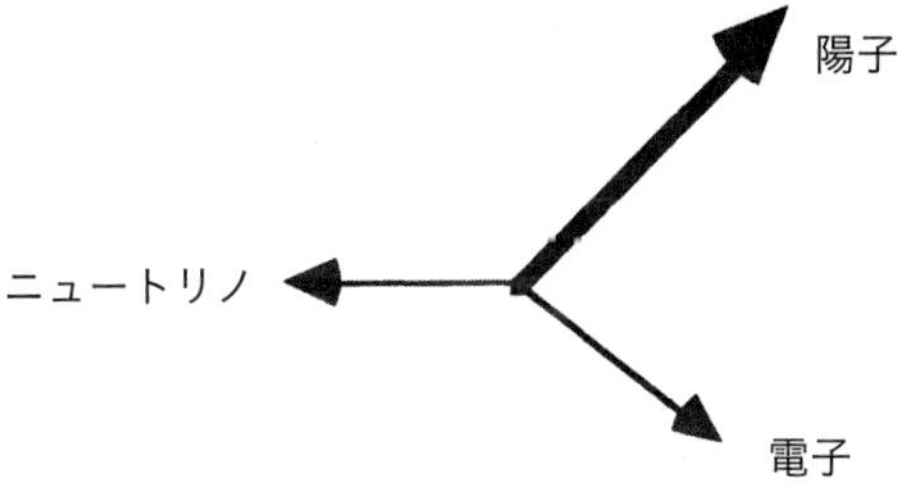

題が生じた。

そのころはまだ、中性子を崩壊させる力の性質のことはわかっていなかった。しかし、当時もっとも優れた理論物理学者のひとりであったヴォルフガング・パウリは、運動量保存則を捨てることにはがまんがならず（しかもこの観測結果は、明らかにエネルギー保存則も破っていた）、別の可能性を打ち出した。パウリは、中性子が崩壊するときには、陽子と電子のほかに、検出にかからない未知の粒子も放出するのではないかと言い出したのだ。もしその粒子が電気的に中性で、普通の荷電粒子検出器にかからないとすれば、それもありうることだった。また、その粒子は非常に軽くなければならない。なぜなら、陽子と中性子の質量を加えれば、ほぼ中性子の質量になるからである。

そこで、パウリの同僚だったイタリア人物理学者のフェルミは、この粒子に「ニュートリノ」、つまりイタリア語で「小さな中性粒子」という意味の名前をつけた。この粒子こそ、先に太陽のエネルギー源である原子核反応との関連で出てきた粒子である。もしも中性子崩壊でニュートリノが生まれるなら、その運動量は、他の二つの粒子の運動量を打ち消すようになっているだろう（前頁図）。

ところで、検出されてもいない粒子をこしらえるなどということは、軽々しく考えていいことではない。しかしパウリという人物の言うことも、軽々しく考えるわけにはいかなかった。彼はすでに物理学に対し、「パウリの排他律《はいたりつ》」の名で知られる重要な貢献をしていた。原子内での電子の振る舞いを支配しているのは、ほかでもないパウリの排他律なのである。それに加えてオーストリア生まれのこの天才は、性格的にもみんなに恐れられていた。彼は、話がくだらないと思うと椅子を蹴立てて立ち上がり、話をしている人の手からチョークをひったくることで有名だった。そのうえ、運動量保存則とエネルギー保存則は物理学のあらゆる分野で非常にうまくいっていたから、それを手放すことはパウリの提案よりもさらに過激なことに思われたのだ（創造的剽窃《ひょうせつ》の精神を思い出そう）。そんなわけでニュートリノは、一九五六年に観測されて宇宙物理学の一部となるはるか以前から、物理学界ではしっかりと定着していたのである。

もちろん今日のわれわれは、たとえ素粒子のような小さなスケールの話であっても、運動量保存則を捨てることにもっとずっと抵抗するだろう。なぜなら運動量保存則は、自然界の根本的な対称性から出てくることがわかっているからだ。新しい力学法則が場所によって変わりでもしないかぎり、運動量保存則は正しいと考えてよいのである。そして言うまでもなく、運動量保存則は原子以下のスケールだけの話ではない。野球、スケート、車の運転、ワープロのタイピングなど、人間スケールの活動を理解するうえでも基本的な法則なのだ。外力が作用していない孤立した系では、運動量は保存される、つまり運動量はいつまでも変わらないのである。

ところで、孤立した系などというものは、いったいどこに存在するのだろうか？　その答は、「あなたが選んだところならどこにでも」である。二人の科学者が黒板を数式でいっぱいにして、一方の科学者が相手に向かってこう言っている、よく知られた漫画がある。「それはそうだが、まわりに箱を描いただけでは統一理論にならないと思うよ」なるほどそれはそのとおりだが、系を定義するためには、まわりを架空の箱で囲むだけでよい。要は、正しい箱の選びかただ。

あなたの車がレンガ塀に突っ込んだとしよう。ここで、車のまわりに箱を描き、それを系と呼ぶことにする。あなたははじめ、一定の速度で運動していた。つまり車の運動量は一定だった。突然、目の前に壁が現れて、あなたを停止させる。あなたが静止するところには運動量はゼロになっているから、壁はあなたの系（つまり車）に外力を作用させたはずである。壁は車を止めるために、車の初速度に応じた力を作用させなければならない。

次に、車と壁を囲む箱を描いてみよう。一見すると、この新しい系には外力は働いていないようである。あなたに作用を及ぼすのは壁だけであり、壁に作用を及ぼすのはあなただけだ。この視点から見たとき、あなたが壁に激突すると何が起こるだろうか？系に外力が作用していなければ、運動量は保存されなければならない（運動量は変化しない）。はじめあなたはある運動量をもって動いていたが、壁は運動量ゼロで静止していた。衝突後、あなたも壁も静止しているように見える。はじめの運動量はどうなってしまったのだろう？　どこかに行ってしまったのだろうか？　じつは、運動量が消えたように見えるということは、箱の描きかたが不完全だったというシグナルにすぎない。つまり、あなたと壁から成り立つ系は孤立系ではなかったのだ。

壁は地球に固定されている。そこで、この衝突で運動量が保存されるためには、地球そのものが、あなたの車がはじめにもっていた運動量を受け取っているはずだ。つまり本当に孤立した系は、あなたと、壁と、地球で構成されているのである。地球は、車よりもずっと質量が大きいため、それぐらいの運動量を受け取ったぐらいではほとんど運動に変化はない。しかしそれでも地球はたしかに動いたはずなのだ。今度誰かに「昔、地球が揺れるほどの恋をしたことがあってさ」などという話をされたら、その言葉どおり、地球は揺れたんだな、と考えてやることにしよう。

◇

対称性の探索は、物理学を前進させる原動力である。その証拠に、前章で例に挙げたような、一段深いところにあるこの宇宙の本当の姿はどれもみな、新しい対称性をあばき出すことと関係していた。とくにエネルギー保存則や運動量保存則をもたらす対称性は、空間と時間にそなわる対称性なので、他の対称性と区別するために「時空の対称性」と呼ばれている。

時空の対称性は、アインシュタインの特殊相対性理論と密接な関係がある。特殊相対性理論は、時間と空間とを同じ立脚点に立たせ、両者のあいだに新しい対称性があることを明らかにし、さらにはこの二つを結びつけて、時空という新しいひとつのものにした。時空には、空間と時間とを別々に考えていたのでは決して現れない対称性がいくつかある。そもそも光速度の不変性にしてからが、時間と空間とを結びつける新しい対称性が自然界に存在するというシグナルなのだ。

少し前で見たように、空間と時間との新しい結びつきがあれば、運動のもとで物理法則は変化しない。回転運動のもとで三次元空間の長さは変化しないように、等速度運動のもとで四次元時空におけるある種の「長さ」は変化しないのだった。自然界のこの対称性が可能になるのは、空間と時間とが結びついている場合だけである。それゆえ、純粋な空間だけの平行移動（運動量保存則と関係がある）と、純粋な時間だけの平行移動（エネルギー保存則と関係がある）も、やはり結びついていなければならない。つまり特殊相対性理論から、エネルギー保存と運動量保存は、別々の現象ではないということが導かれるのである。エネルギーと運動量は、四次元運動量というひとつの保存量にまとめられる。そして四次元運動量というひとつのものが保存されるということは、空間と時間とが結びついた世界の不変性から導かれる単一の結果なのである（エネルギーと運動量は、普通はニュートンの法則の枠組みのなかで定義されるが、四次元運動量というひとつのものにまとめるためには、エネルギーと運動量をそれぞれ再定義する必要がある）。この意味において、特殊相対性理論は時空に関する新しい事実を教えてくれる。すなわち、時空においては、運動量とエネルギーのどちらか一方だけが保存され、他方は保存されないといったことは起こらないということだ。

実は、これまではほのめかす程度にしか述べてこなかったが、時空にはもうひとつ、空間の回転に関係する対称性がある。この対称性は、四次元運動量保存則をもたらす対称性と関連しているが、四次元ではなく三次元なので話はずっとわかりやすいだろう。物体を回転させれば、観測者ごとに異なる側面を見ることになる。しかし、前にも説明したように、物体の長さのような基本的な量は変化しない。実験室の向きを変えても物理法則は変わらないという事実は、自然界にそなわるきわめて重要な対称性である。自然がどれかの方向を一貫して選り好みをするとは思えない。つまり、基礎となる法則に関するかぎり、すべての向きは同等でなければならないのだ。

　物理法則が回転変換のもとで変わらないということは、それにともなう保存量が存在するということだ。運動量という保存量は、「空間をずらしていっても自然は何も変わらない」という不変性と関係していたが、回転変換にともなう新しい保存量は、「角度をずらしていっても自然は何も変わらない」という不変性と関係している。そのためこの保存量は、「角運動量《かくうんどうりょう》」と呼ばれる。運動量保存則と同様、角運動量保存則もまた、原子のスケールから人間のスケールまで、さまざまな物理的過程で重要な役割を演じている。孤立した系では、角運動量は保存されなければならない。実際、運動量が保存されている例をひとつ見つけ出せば、「距離」を「角度」に、「速度」を「角速度《かくそくど》」に置き換えてやるだけで、角運動量が保存されている例を作ることができるのだ。これこそは創造的剽窃行為の真骨頂《しんこっちょう》というものだろう。

　例をひとつ挙げよう。止まっていた誰かの車に私の車がぶつかり、バンパーが食い込んで二台の車がいっしょに動きだしたとしよう。この合体した車は、私の車がはじめにもっていた速度よりもゆっくりと動くだろう。これは運動量保存則から導かれる結論のなかでも典型的なものである。二台の車を合わせた系の運動量は、衝突の前後で同じでなければならない。合体した系の質量は、はじめに運動していた物体の質量よりも大きい。したがって、運動量が保存されるためには、合体した物体はゆっくり運動しなければならないのである。

一方、フィギュア・スケートで、腕を体にぴったり引き寄せて回転している人を考えてみよう。その人が腕を広げると、まるで魔法のように回転は遅くなる。合体した車は運動量保存の例だったが、スケートの回転は角運動量保存の例である。回転と角速度に関するかぎり、半径の大きな物体は、質量の大きな物体と同じように振る舞う。そして腕をのばしてゆくにつれて、回転しているスケーターの体の半径は大きくなる。なんらかの外力が作用しないかぎり、合体した二台の車ははじめの一台よりもゆっくりと動くように、半径が大きくなったスケーターは、半径が小さかったときよりもゆっくりと回転するのである。逆に、はじめ腕を広げてゆっくり回転していたスケーターは、腕を縮めるにつれどんどん回転速度を上げることができる。そうしてオリンピックのメダルを勝ち取るわけだ。

これらは時空の対称性からもたらされる保存量であるが、自然界には時空とは関係のない対称性からもたらされる保存量もある。たとえば電荷の対称性もそのひとつだが、これについては後で改めて取りあげることにしよう。今は、自然界の回転不変性がもつ奇妙な一面について話をつづけたい。そうすることで、常に表面に現れているわけではないけれども、いたるところに存在している対称性のある性質を紹介できるからである。たとえば、基礎となる運動法則は回転不変だが（つまり力学を支配している法則は、空間の向きを選り好みしないが）、この世界は回転不変にはなっていない。もしもこの世界が回転不変だったなら、スーパーマーケットへの道順を尋ねられても教えてあげられないだろう。しかし現実のこの世界では、右と左は違って見えるし、北と南も、上と下も違って見える。

これを単なる環境の偶然だと言うのはたやすい。なぜなら、実際これは偶然だからである。もし別の場所にいたとすれば、右と左、北と南を区別する目印も違ってくるだろう。しかし単なる偶然とは言いながら、「基礎となる対称性は、偶然に生じた状況によって覆《おお》い隠されてしまう場合がある」という事実それ自体は、現代物理学を方向づけているもっとも重要な概念のひとつなのである。対称性の威力を生かして前進するためには、表面の一段下にあるものを見なければならない。

前章では、一段下にあるこの世界の本当の姿について代表的な例を紹介したが、そうした例の多くは、「対称性は覆い隠されてしまうことがある」という概念と結びついている。この概念は、「自発的対称性の破れ」という変わった名前で呼ばれているけれども、われわれはすでに、さまざまに姿を変えたこれに出会っているのである。

その好例といえるのが、前章の最後に取りあげた、鉄片の中にある小さな磁石たちの振る舞いである。温度が低く、外磁場がかかっていないときには、小さな磁石は同じ向きにそろっているほうがエネルギーの点から見て有利である。ところが実際には、個々の磁石はランダムに向きを選ぶ。基礎となる電磁気学には特別な向きがあるわけではないから、個々の磁石が選ぶ向きをあらかじめ予想することはできない。ところが、いったん小さな磁石たちがひとつの向きを選ぶと、その向きは非常に特別なものになる。小さな磁石が北向きにそろったとしよう。もしもそんな磁石の中に磁場を感じ取れる虫が棲《す》んでいたとすると、その虫は、「北」にはほかと違う何か特別なことがあると信じて成長することだろう。

物理学に特有な戦略は、われわれを取り巻くこの環境を一段高いところから眺め、環境の与える制約を乗り越えようとするところにある。私が知るかぎりすべてのケースにおいて、これはすなわちこの世界の真の対称性を探すことにほかならない。今の例で言えば、磁石を支配している方程式は回転のもとで不変であり、ぐるりと世界を回転させて北を南にしても、物理学は前とまったく同じだと気づくことである。

これの模範例と言うべきなのが、先に紹介した弱い相互作用と電磁相互作用との統一である。この場合、基礎となる物理学は、質量をもたない光子と非常に重いZ粒子とを区別しない。実際、基礎となる力学には、Z粒子を光子に変えても、すべては同じに見えるという対称性があるのだ。ところが、われわれの暮らすこの世界では、基礎となる物理学が特殊な形で実現し（方程式のあるひとつの解が実現している）、さもなければ何もないはずの空間が、凝縮した粒子によって占められている。そしてその世界では、光子とZ粒子とは大きく異なる振る舞いをするのである。

数学的には、これらの結果は次のように解釈できる。「基礎となる方程式が一組の変換のもとで不変であっても、その方程式の特殊な解が、その変換に対して不変であるとは限らない」基礎となる数学的秩序が特殊な形で実現しているものはすべて（たとえば、部屋を見渡したときに目にするような情景は）、もとの秩序がもつ対称性を破っていてもよいのである。電磁相互作用と弱い相互作用の統一によりノーベル物理学賞を受賞したアブダス・サラムは、次のような例を考え出した。

あなたが円形の食卓に座っているとしよう。テーブルの上は完全に対称的になっている。あなたの右側に置かれたワイングラスと、左側に置かれたワイングラスとは、完全に対称的な位置関係にある。どちらのワイングラスがあなたのものかを決めているのは、唯一エチケットの法則だけだ（私はこれがどうしても覚えられない）。しかし、いったんあなたがどちらかのワイングラスを選べば（たとえば右のワイングラスを取ったとすると）、全員の選択が決定される――みんながワインをほしいと思えばの話だが。

可能性は無限に存在するにもかかわらず、われわれはたったひとつの可能性が実現した世界に住んでいるということは、古今東西を問わずこの世の現実である。ルソーをもじって言えば、「世界は自由なものとして誕生したが、いたるところで鎖につながれている」のだ。

ところで、現れてもいない対称性まで、なぜそれほど気にする必要があるのだろうか？ そんなものまで気にするのは物理学者特有の美意識にすぎず、いわば知的自慰行為なのではないだろうか？ そういう面もあるかもしれないが、別の理由もある。対称性は、たとえ直接的には現れていなくても、自然界を記述するときに現れる物理量と、物理量のあいだの力学的関係とを完全に決定するからである。ひとことで言えば、物理学とは対称性のことなのかもしれない。突き詰めれば、対称性のほかには何もないのかもしれないのだ。

たとえば、エネルギーと運動量（時空に関する二つの対称性から直接的に出てくる量）をひとまとめにしたものは、地球の重力場内での物体の運動を記述するニュートンの法則と完全に同等なものを提供してくれる。力学のすべては（力が加速度を生じさせることなど）、エネルギー保存則と運動量保存則という二つの原理から導けるのだ。それどころか対称性は、基本的な力それ自体の性質までも決定しているのである。これについては少し後で説明することにしよう。

対称性は、この世界を記述するために必要な変数をも決定する。そしていったんそれが決定されれば、すべては定まってしまうのだ。ここでもまた、私のお気に入りの球を例に挙げよう。牛を球で表わすということは、「考えるべき物理過程は、牛の半径にのみ依存する」と主張することである。与えられた半径では、あらゆる角度は同等だから、特定の角度に依存するようなものはどれもみな重要ではない。球がもつ高い対称性は、潜在的には多くの変数をもつかもしれない問題を、半径というひとつの変数しかない問題にしてくれるのである。

この手続きは逆転させることができる。ある物理過程を適切に記述するために必要不可欠な変数を取り出すことができれば（そしてわれわれの頭が良ければ）、そこから逆に、その物理過程に関わっている対称性を探り出せるかもしれない。そしてその対称性が、もとの物理過程を支配しているすべての法則を決定しているかもしれないのだ。こう考えるとき、われわれはある意味で、またしてもガリレオの先例に倣《なら》っているのである。ガリレオは、「どのように」運動するかがわかれば、「なぜ」運動するかもわかることを明らかにした。彼は、速度と加速度を定義することにより、運動物体の力学的振る舞いを決定するうえで重要な法則を明らかにしたのだった。してみれば、重要な変数を取り出すことにより、運動物体の振る舞いを支配する法則が明らかになるだけでなく、むしろそれらの変数がすべてを決定しているのではないかと考えることは、ガリレオの到達点からほんの一歩を踏み出したにすぎないのである。

ここでふたたびファインマンの言葉に戻ろう。ファインマンは自然界を、ありがたくも目にすることのできる「神による壮大なチェス・ゲーム」だと言った。そのゲームのルールはいわゆる基礎物理学であり、それを理解するのがわれわれの目標だ。自然を「理解する」と言うとき、われわれに望みうるのはただルールを理解することだけだとファインマンは主張したのである。しかし私は最近になって、もう一歩進んだ主張をしてもよいのではないかと考えるようになった。私は、「チェス盤」と「駒の並びかた」の対称性を探るだけで、そのルールを完全に決定できるのではないかと思うのである。そうだとすれば、自然を理解するということ、つまりゲームのルールを理解することは、対称性を理解するのと同じことになる。

これは非常に強い主張であり、かなり広い一般性をもっている。おそらく読者は困惑して懐疑的になっているだろうから、いくつか実例を挙げることにしよう。それらの例を見ることにより、物理学の最先端のようすを感じ取ってもらえればと思う。

まずはじめに、私の考えをファインマンのたとえに沿って説明しよう。チェス盤の対称性はかなり高い。盤のパターンは、どちらの方向にも一マスごとに繰り返される。そのパターンは二色で塗り分けられ、色を交換してもパターン自体は変化しない。さらに、チェス盤は8×8になっているので、盤を二分することができる。二つに分けた部分を交換しても、見たところは変わらない。

これだけではチェスというゲームを決定するには不十分である。なぜなら、たとえば

「対称性」は宝のありかを示すサイン。

チェッカーという別のゲームでも同じ盤が使われるからだ。しかし盤に関する以上の情報に加えて、プレーヤー各々が十六個の駒をもち、そのうち八個はまったく同じ種類であることと、残る八個のうち、二つ組みになっているものが三組（六個）、一個しかないものが二種類あるという事実を加えれば、可能性は大きく制限される。

たとえば、二つ組みになっている駒（ルーク、ナイト、ビショップ）は、盤を縦に割る中心線に対して対称的に、ちょうど鏡に映したように並べるのが自然だろう。また、対戦する二色の駒は、盤を横に割る中心線に関して対称的に並べることになる。それに加えて駒の動きは、盤のパターンにより許されるなかで、もっとも簡単な動きになるだろう。ある駒が、一方の色のマス目上でしか移動できないとすれば、運動は対角線にならざるをえない（ビショップがこれにあたる）。ポーンが駒を取れるのは、同じ色でなおかつ隣のマス目にいるときに限られるとすれば、駒を取れるのは、相手が対角線上で隣のマス目にいるときだけである。

以上の記述で、「チェスというゲームは、盤と駒の対称性だけで完全に決定される」ということが厳密に証明されたとは言わないが、今日まで残っているルールはひとつだけだという点は注目に値する。もしもそれ以外にもルールの可能性があったのなら、今でもそれが使われていたのではないだろうか。

あなたの好きなスポーツも、対称性だけですべてが決まるのだろうか？　フットボールには、百ヤードを十ヤードごとに区切ったフィールドが用いられるが、もしそうでなかったらゲームのルールも違っていたのだろうか？　チームのメンバー数はゲームのルールにどれほどの影響を及ぼすのだろうか？　野球はどうだろう？　野球のダイヤモンドは、野球というゲームにとって本質的に重要なことなのだろうか？　五つのベースが五角形に並べてあったら、スリーアウトはフォーアウトになっていただろうか？

この議論をスポーツだけに限定することはない。国の法律は、議員の構成比によってどのぐらい決まってしまうのだろうか？　また、アメリカの軍事支出を憂《うれ》える人々がこれまでにも問うてきた問題だが、四つの軍隊（空軍、陸軍、海軍、海兵隊）が存在することは、国防計画をどの程度決定しているのだろうか？

話を物理学に戻すと、私がここで言いたいのは、既知の物理法則の形は対称性（表に出ないものまで含めて）によって決定されているということだ。そこでまずはじめに、物理学において重大な役割を果たしているにもかかわらず、これまで取りあげてこなかった電荷の保存則から話すことにしよう。

電荷は、自然界にみられるすべての反応過程で保存されているようだ。つまり、はじめの段階で正味の電荷がマイナス一だったとすると、どれほど複雑な反応過程を経た後でも、最後に残る正味の電荷はやはりマイナス一になるのである。途中の段階では、たくさんの荷電粒子が生成されたり壊されたりするかもしれないが、そのときも常に正の電荷と負の電荷がペアで現れる。そのため、どの時点で見ても、全電荷は最初と最後の電荷に等しいのである。

ネーターの定理を思い出せば、この普遍的な電荷の保存則は、何か普遍的な対称性からもたらされているはずだ。それが「荷電対称性」である。これは、世界中のすべての正（負）の電荷をそっくり負（正）の電荷に置き換えても何も変わらないという対称性である。実はこのことは、電荷が正であるか負であるかは、われわれの勝手な取り決めであり、電子の電荷を負、陽子の電荷を正としたにすぎないと主張することに等しい。

電荷を交換しても何も変わらないという対称性は、一般相対性理論との関係で論じた時空の対称性と似たところがある。たとえば、宇宙に存在するすべての「ものさし」をいっせいに変更して、かつては一センチメートルだったものが、新しい目盛りでは二センチメートルになるようにしても、物理法則はまったく同じに見える。目盛りを変更したことにより、さまざまな基本定数の値は変わるだろうが、それ以外は何も変化しないのだ。このことは、物理過程を記述するときにはどんな単位系を使ってもかまわないと主張することに等しい。アメリカではマイルやポンドが使われているが、他の先進諸国ではキロメートルやキログラムが使われている。しかし、変換の手間を度外視すれば、物理法則はアメリカでも他の国でも同じである。

では、ものさしの目盛りを各点ごとに変更したらどうなるだろうか？　アインシュタインが教えてくれたのは、その場合も何ら問題は生じないということだった。単に、そのような世界で粒子の運動を支配している法則は、重力場が存在するときに粒子の運動を支配している法則と同じになるというだけのことだ。

一般相対性理論の教えるところによれば、自然界には、重力場のようなものの存在を許しさえすれば、各点ごとに長さの定義を変えてもよいという、ごく一般的に成り立つ対称性がある。この場合であれば、局所的な長さの変化は、重力場を持ち込むことによって相殺《そうさい》できるということだ。あるいは、長さは各点ごとに変わらず、したがって重力場は存在しなくてもよいような大域的な記述法が見つかるかもしれない。この対称性は「一般座標不変性」と呼ばれ、一般相対性理論はこの対称性によって完全に決まってしまう。一般座標不変性は、空間と時間を記述するための座標系は、任意に選んでかまわないということを意味している。それはちょうど、距離を記述するための単位は、任意に選んでかまわないのと同じことである。しかしひとつ違いがある。たとえ異なる座標系は互いに同等だとしても、それらどうしの換算のしかたが局所的に変化するならば――つまり基準となる長さが点から点へと変わるなら――物体の運動を予測した結果がどの観測者にとっても同じになるためには、観測者によっては重力場を導入する必要があるということだ。

ここで重要なのは、「長さの定義が点から点へと変わるように選ばれた奇妙な世界では、外力が働かないときに運動物体が描く軌跡は、まっすぐではなく曲がって見える」ということだ。これについては前にも、飛行機の航路を平坦な地図に写し取ったものを見ている観測者という例で説明した。この現象を、ガリレオの法則と矛盾しないように説明するためには、この奇妙な座標系では見かけの力が作用すると考えるしかない。その見かけの力が重力である。そして注目すべきことに、重力の形は、自然界の一般座標不変性によって決まっていると言えるのである。

しかしだからといって、重力はわれわれの想像力の産物だということにはならない。一般相対性理論が教えているように、質量はたしかに空間を曲げる。この場合、選びうる座標系はどれもみな、それぞれのやりかたで空間の曲がりぐあいを記述するだろう。局所的には、重力場なしですませられる場合もあるかもしれない。それはつまり、自由落下しながら地球の周囲をまわっている宇宙飛行士が重力を感じないのと同様に、自由落下している観測者は何の力も感じないということだ。それでも、自由落下している別の観測者は、お互いに対して曲がった軌跡を描くことになるだろう。これは、空間が曲がっていることの証拠である。

われわれはどんな座標系でも好きに選ぶことができる。地球上につながれているわれわれは重力を経験するのに対し、自由落下している観測者は重力を感じない。しかしどちらの場合も、粒子の力学的な振る舞いには、基礎となる空間の曲がりが反映されている。空間の曲がりは絵空事ではなく、物質の存在によって引き起こされる現実なのだ。重力場は、座標を適切に選べばいたるところで消せるという意味では、「作り事」かもしれない。しかしそれが可能になるのは、もとの空間が完全に平坦であるとき、すなわち周囲に物質が存在しないときだけなのである。

そんな例のひとつに回転する座標系がある。遊園地に行くと、大きな円筒形の部屋が回転するようになった乗り物がある。乗り物が回転しはじめると、あなたは壁に押しつけられる。回転する部屋の中にいるあなたは、自分を外向きに引っ張る重力場が存在すると思うかもしれない。しかし実際には、そんな場の湧《わ》き出し口になる質量は存在しない（地球の重力場では、場の湧き出し口は地球である）。外で見ている見物人の立場から考えれば、あなたが重力場と呼ぶものは、座標系の選びかたがまずかったために生じているだけだとわかるだろう（この場合、回転する部屋に固定した座標系が選ばれている）。空間の曲がりは実在するが、重力場は人によって違うのである。

電荷の話にはじまり、重力場の話に行き着いた。それではここで、時空の長さに対して行なったことを、電荷にもあてはめてみよう。電荷の符号に関する取り決めを局所的に勝手に選ぶことを許し、なおかつ物理法則の予測を変化させないような対称性は存在するだろうか？　この問いへの答は「イエス」である。しかしそのためには、座標系を勝手に変えることを重力場によって「相殺」したように、電荷を局所的に勝手に選んだことを「相殺」するような、粒子に作用する場が存在しなくてはならない。

電磁場がそれだろうと思われるかもしれないが、荷電対称性から生じる場は電磁場そのものではない。むしろその場は、空間の曲がりのような役割を果たしている。物質が存在するときには必ず空間が曲がるように、電荷が近くに存在するときには必ずその場が存在するのだ。その場は恣意的に作られたものではない。電磁場と関係があり、重力場と似たような役割を果たす場——その場のことを、電磁気学では「ベクトル・ポテンシャル」と呼んでいる。

余分な力を新たに導入するという代償を払いさえすれば、電荷の定義や長さの定義を局所的に変えてもよいというこの奇妙な対称性は、「ゲージ対称性」と呼ばれている。これについては前の章でも簡単に触れた。一般相対性理論と電磁気学とは、どちらもゲージ対称性をもっている（具体的な形は多少異なる）。そのことに気づいたヘルマン・ワイルは、この対称性を導入することにより一般相対性理論と電磁気学とを統一しようとしたのだった。

実はこの対称性は、ワイルが考えていたよりもはるかに一般的なものだった。ここで強調しておきたいのは次の二点である。（1）ゲージ対称性が存在すれば、自然界にさまざまな力が存在しなければならない。（2）ゲージ対称性は、真に物理的な量はどれであって、座標系の選びかたのせいで生じる人為的な量はどれであるかを教えてくれる。

すべてが球の半径だけで決まるなら角度変数は余分であるように、自然界のゲージ対称性から、電磁場と時空の曲がりは物理的に実在するが、重力場やベクトル・ポテンシャルは観測者によって異なる性質のものだとわかるのである。

ゲージ対称性に関連する言葉遣いは難しそうで、ものごとを後から説明するだけのために必要なら、単なる数学的衒学《げんがく》趣味と言われてもしかたないだろう。なにしろ電磁気と重力は、ゲージ対称性などを持ち出すまでもなく、よく理解されているのだから。

ゲージ対称性が重要なのは、それが物理学のあらゆる分野に波紋を投げかけるからである。過去数十年のあいだに、自然界の既知の四つの力（重力、電磁力、強い力、弱い力）はすべて、ゲージ対称性の結果として出てくることが明らかになった。そしてそこから逆に、新しい視点を確立することもできた。物理学者たちは、四つの力の背後にあるひとつのゲージ対称性を探求したおかげで、これらの力の基礎となる、いくつかの重要な物理量を識別できるようになったのである。

ゲージ対称性には、長い距離にわたって作用を及ぼせる場が存在しなければならないという一般的な性質がある。その場は、基礎となる物理を変えることなく、粒子の性質や時空の定義を点ごとに変更する自由を相殺できることと関係している。一般相対性理論では、それが重力場だった。電磁気学では、電場と磁場がそれである（これらはベクトル・ポテンシャルから出てくる）。ところが、原子核内の粒子間に作用する弱い相互作用は、非常に短い距離でしか作用しない。どうしてそんな短距離力がゲージ対称性と関係があるのだろうか？

　この問いに対する答は、「弱い相互作用と関係のある対称性は、自発的に破れているから」というものだ。バックグラウンドの真空にひしめいてZ粒子を重たく見せている――そしてその一方で、電磁相互作用を媒介する光子の質量はゼロのままにしている――その同じ粒子が、物質の「弱い荷《ウィーク・チャージ》」に物理的に反応する背景（バックグラウンド）になっているのである。この理由により、ウィーク・チャージの正と負とを局所的に勝手に変更することはもはや許されず、本来は存在していたであろうゲージ対称性は隠されてしまっている。それはあたかもこの宇宙に、バックグラウンドとしての電場が存在するようなものである。もしそんな電場が存在すれば、一方の符号をもつ電荷は場に引き寄せられ、他方の符号をもつ電荷は反発されるため、正と負の電荷のあいだに大きな違いが生じるだろう。そうなると、正と負の電荷を勝手に交換するわけにはいかない。電荷の対称性は覆い隠されてしまうのだ。

　ここで注目すべきは、自発的に破れたゲージ対称性は、完全に覆い隠されてしまうわけではないということだ。すでに述べたように、バックグラウンドの真空内をぎっしりと埋め尽くしている粒子の影響で、W粒子とZ粒子は重たく見える一方、光子は質量ゼロのままに留まる。つまり重い粒子の存在は、破れたゲージ理論の目印になるのだ。重い粒子は、いわゆる短距離力（近距離でしか作用を及ぼさない力）を媒介する。基本的な対称性が破れているのを発見するコツは、短距離力をよく観察して、長距離力（重力や電磁気力など、到達距離の長い力）との類似点を探ることである。これは、少なくとも発見法的な意味においては、弱い相互作用と量子電気力学（電磁気学の量子論）とが互いにいとこどうしであることが判明したときの経緯だった。

ファインマンとマレー・ゲルマンは、弱い力と電磁力とが同じ形になるような現象論的理論を作り、その結果何がわかるかを調べてみた。それから十年と経《た》たないうちに、弱い力と電磁力をそれぞれゲージ理論とみなし、この二つの力を統一する理論が作られた。その統一理論はいくつかの予測をしたが、そのなかでとくに重要だったのは、弱い力にはそれまで観測されていなかった部分があるはずだとわかったことである。それは粒子の電荷を変えるような力ではないだろう（たとえば、電気的に中性である中性子を、正の電荷をもつ陽子と負の電荷をもつ電子に崩壊させるような力ではない）。そうではなく、電気力が電子間に作用しても電荷は変わらないのと同様、粒子の電荷を変えない相互作用のはずだった。そんな「中性相互作用」が存在するという予測は、この統一理論にとって根本的な意味をもつ重要なものだった。ついに一九七〇年代、その予測が実験により確認された。これはおそらく、すでに存在することがわかっていた力にあとから名前を付けるのではなく、対称性が見つかったおかげで新しい力の存在が予測されたはじめてのケースだろう。

弱い相互作用が弱いのは、その相互作用に関係するゲージ対称性が自発的に破れているからである。対称性が破れているせいで（W粒子とZ粒子の特性に影響を及ぼしているバックグラウンドの凝縮粒子間の平均距離よりも大きな長さのスケールでは）、W粒子とZ粒子は非常に重く見え、これらが媒介する相互作用は小さく押さえ込まれる。もしこれとは異なる新しいゲージ対称性が自然界に存在し、その対称性がいっそう小さなスケールで自発的に破れていたとすれば、そこから生じる力は検出できないぐらい弱いだろう。もしかしたら、そんな粒子が無限にたくさん存在するかもしれないし、存在しないかもしれない。

そこで重要になってくるのが、自然界のすべての力は、必然的にゲージ対称性から（その対称性は破れているにせよ）出てくるのだろうかという疑問だ。力が存在する理由は、それ以外にはないのだろうか？　この問題はまだ完全に解決されたわけではないけれども、どうやら他に理由はなさそうだ。そんな対称性をもたない理論は内部に矛盾を含み、数学的に「病気」なのである。量子力学的な効果をきちんと考慮すると、そのような理論を適切に記述するためには、無限に多くの物理的パラメーター（変数）が必要になるらしいのだ。無限に多くのパラメーターをもつ理論など、理論とはいえまい。それは

ゲージ対称性は、物理を記述するために必要な変数の数を減らす働きをする。それは

ちょうど球対称性が、牛を記述するために必要な変数の数を減らすのと同じことである。そうしてみると、さまざまな力を、数学的、物理学的に健全なものにしているのは、その力を生み出した対称性それ自体だということになりそうだ。

そんなわけで、素粒子物理学者は対称性のことが頭から離れないのである。対称性は、根本的なレベルでこの宇宙を記述するだけでなく、何が起こりうるのか、すなわち何が物理的な現象であるのかを決めている。これまでのところ、自発的対称性の破れの動向はいつも同じだった。マクロなスケールでは破れている対称性が、より小さなスケールでは見えてくることがある。どんどん小さなスケールを調べていくにつれ、宇宙の対称性はますます高くなってくる。単純さや美しさといった人間の概念を自然にあてはめてみれば、これこそはまさに単純さと美しさの表れではないだろうか。秩序とはすなわち対称性のことなのである。

◇

私はまたしても、高エネルギー物理学の最先端の現象に我を忘れてしまったようだ。しかし、新しい力などとは関係なく、対称性が日常世界の動力学的な振る舞いを支配しているという例はたくさんある。以下ではそんな身近な話題に戻ることにしよう。

一九五〇年ぐらいまでは、物理学で対称性といえば、主として結晶のような物質の性な対称的な並んだ格子状に原子が、…

質だった。結晶は、ファインマンのチェス盤のように、原子が格子状に並んだ対称的なパターンをもっている。ダイヤモンドなどの貴石《きせき》の結晶面には美しいパターンが見られるが、それは対称的に配置された原子のパターンが反映されているのである。しかし物理学にとってより直接的に重要なのは、結晶格子内における電荷の動きが、格子の対称性によって完全に決定されることである——ちょうど、チェスのポーンの動きがチェス盤の対称性によって決定されるように。

たとえば、結晶格子のパターンが一定周期で繰り返されることから、格子内を運動する電子の運動量の取りうる範囲が決まってしまう。なぜなら、格子内部の物質に周期性が存在するということは、位置をずらしていくと（並進変換《へいしん》をほどこすと）、あるところで周囲のようすが前とまったく同じになるからだ（つまり、ずらさなかった場合と同じになる）。読者はこれを聞いて、『不思議の国のアリス』を読んでいるような気持ちになったかもしれないが、しかしこれが重大な影響をもたらすのである。運動量は、空間並進変換のもとで物理法則がもつ対称性と関係がある。それゆえ、このタイプの周期性によって空間の実質的サイズを制限することにより、粒子がもちうる運動量の範囲を制限することになるのだ。

たったひとつのこの事実から、現代のマイクロエレクトロニクスのあらゆる特徴がもたらされるのである。もしも私が結晶構造の中に電子を入れたとすると、その電子たちは、ある範囲の運動量しか取ることができない。運動量の範囲が制限されるということは、エネルギーもある範囲に制限されるということだ。ところが、結晶格子内の原子や分子の化学的性質によっては、その範囲のエネルギーをもつ電子も捕獲されてしまい、自由に運動できなくなる場合がある。それゆえ、ある物質に電気が容易に流れるためには、電子が取りうる運動量とエネルギーの「帯《バンド》」と、電子が自由に運動できるエネルギー領域とが一致しなければならない。今日使用されているシリコンのような半導体中では、ある密度で不純物をまぜることにより（不純物が存在すると、電子が原子に捕獲されるエネルギー領域が変わる）、外的な条件が変化するにつれて電気伝導度が急激に変化するよう調節することができる。

これと同じ論法が、今日の物性物理学における最大の謎を解く鍵になってくれるかもしれない。オネスが水銀で超伝導現象を発見した一九一一年から一九八七年にいたるまで、絶対零度から二十度よりも高い温度で超伝導体になる物質はただのひとつも見つからなかった。そんな物質を発見することは、長いあいだこの分野の聖杯だった。室温で超伝導体になる物質が見つかれば、テクノロジーに革命が起こるだろう。複雑な冷却操作をしなくとも電気抵抗を完全になくすることができれば、さまざまな電子機器が実用化されるに違いない。そして一九八七年、前にも述べたように、ＩＢＭの二人の科学者が、絶対零度から三十五度高い温度で超伝導体になる物質を偶然に発見した。すぐさまそれと似た物質が調べられ、今日では、絶対零度（摂氏約マイナス二百七十三度）から百度以上も高い温度で超伝導体になる物質が見つかっている。この温度ではまだまだ室温超伝導というには程遠いけれど、液体窒素（これは比較的安く作れる）の沸点（摂氏約マイナス百九十六度）よりは高い温度だ。もしも高温超伝導の新世代物質をワイア状にすることができれば、まったく新しいテクノロジーの一分野が開《ひら》けるかもしれない。

この新しい超伝導体の驚くべき点は、それまでの超伝導物質とは似ても似つかないということだ。まず第一に、これらの新物質中で超伝導現象が起こるためには、不純物をもちこまなければならない。それどころか、これらの物質は、通常の状態では電気をまったく通さない「絶縁体」なのだ。

何千人という物理学者が血眼《ちまなこ》になって努力しているにもかかわらず、これまでのところ高温超伝導についてははっきりしたことは何もわかっていない。しかし、物理学者たちがまず最初に注目したのは、こうした物質の結晶格子の対称性だった。そこには明確な秩序が見て取れるのである。さらに、それらの結晶格子は層状になっていて、各層に属する原子は相互に関係なく振る舞っているようにみえる。電流は、二次元的な層に沿った方向には流れるが、層に垂直な方向には流れない。高温超伝導体がもつこの対称性が、電子を微視的な超伝導状態にする相互作用の形を決めているかどうかは、今後の研究を待たなければならない。しかし、もしも歴史がいささかの道標になるならば、相互作用は対称性によって決まっているというほうに賭けるのが最善だろう。

電子テクノロジーに革命を起こすかどうかはともかく、結晶格子の対称性はすでに生物学の革命に大きな役割を果たしている。一九〇五年、サー・ウィリアム・ブラッグと、その息子であるサー・ローレンス・ブラッグは、ある驚くべき発見に対してノーベル賞を受賞した。X線（その波長は、規則的な結晶格子中の原子の距離ぐらいである）を結晶物質に照射すると、散乱されたX線はスクリーン上に規則的なパターンを映し出す。このパターンの素性を探れば、それがそのまま格子の対称性を現していることがわかったのだ。こうしてX線結晶学と呼ばれる分野が生まれ、物質中の原子配列を探る強力な道具を提供して、何万という原子からなる大きな分子の構造も探れるようになった。この技術の応用としてもっとも有名なのが、ワトソンとクリック、そして彼らの同僚たちが解釈したX線結晶学的データだろう。それがDNAの二重らせん構造の発見をもたらしたのである。

物質の物理学は、テクノロジーの発展に役立っただけではない。それは相転移《そうてんい》を現代的な言葉で理解することを可能にし、それによって対称性と力学的な振る舞いとを緊密に関係づけた。すでに述べたように、温度や磁場などのパラメーターが臨界値に近づくと、まったく異なる物質が同じ振る舞いをすることがある。そうなるのは臨界点の近くでは細部は重要でなくなり、それに代わって対称性が重要になるからだ。

臨界点にある水と、やはり臨界点にある鉄磁石とが同じ振る舞いをするのは、相互に関連した二つの理由のためである。第一に、臨界点ではすべてのスケールでいっせいにゆらぎが起こることを思い出そう。そのため、どのスケールで見ても、自分が見ている部分は水なのか水蒸気なのかを区別できなくなる。また、物質はあらゆるスケールで同じように見えるため、水分子の原子配置のような微視的な性質は重要でなくなる。第二に、このような事情があるために、水の状態は密度というパラメーターだけで特徴づけられる。ここで注目されている領域の密度は、「周囲にくらべて高いか低いか」だけが問題になるのである。鉄の内部にある小さな磁石と同様、水の状態は＋1と－1という二つの数だけで完全に特徴づけられる。

これら二つはきわめて重要な性質であり、対称性という概念と密接な関係がある。臨界点にある水と、臨界点にある鉄磁石とは、ある意味でチェス盤と同じだ。そこには交換可能な二つの自由度がある（黒と白、高密度と低密度、上と下）。もっと別の自由度でもかまわない。臨界点近くで系がとりうる状態を記述する基本的なパラメーターは、さまざまな値を取ってもよい（円周上のどれかの点のように）。物質中の小さな磁石が、上向きと下向きという二つの方向に制約されていない場合を考えてみよう。そのような物質は、臨界点では次頁の図のように見えるだろう。

このような物質の臨界点近くでの振る舞いは、水や、水に似た性質をもつ理想化され

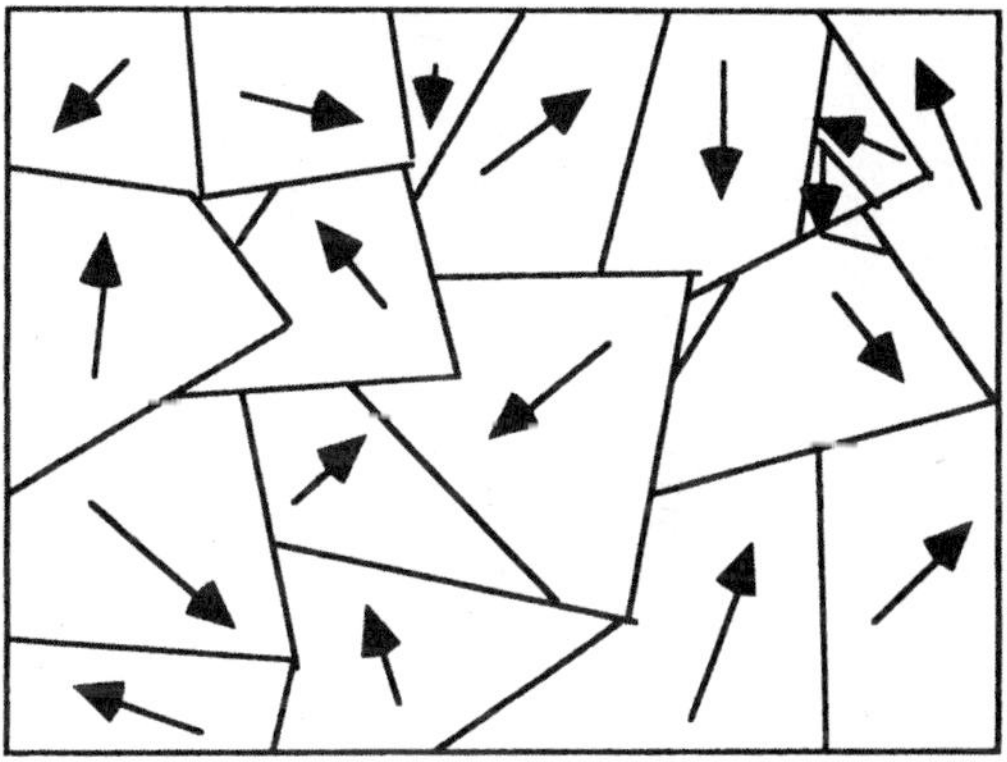

た鉄磁石とは違うだろうと思われるかもしれない。そして、それはそのとおりだろう。では、この図と、二百三十八ページに示した臨界点の図との重要な違いは何だろうか？　違うのは、相転移を記述するパラメーター（密度、磁場の向きなど）が取りうる値である。パラメーターの値を特徴づけているのは何だろう？　それは、これら「秩序パラメーター」（物質の「秩序」の変化を記述する変数）の基礎となる対称性である。秩序パラメーターは、円、四角、線、球上のどんな値でも取れるだろうか？

この観点から見ると、ここでもまた力学を決定しているのは対称性である。臨界点における相転移の性質は、秩序パラメーターの性質によって完全に決定される。しかしその秩序パラメーターは、対称性によって制限される。ひとつの秩序パラメーターをもち、基礎となる対称性が同じであるような物質はすべて、臨界点で相転移を起こす際にまったく同じ振る舞いをするのだ。物理を完全に決定しているのは、またしても対称性なのである。

実は、対称性をこのように利用することにより、物質の物理学と素粒子の物理学とを強力に結びつけることができる。それというのも前頁の図は、自発的対称性が破れるプロセスを説明してくれるからである。この図の中で局所的な磁場の向きを記述している秩序パラメーターは、円周上のどんな値でも取ることができる。このパラメーターは、本来的に円の対称性をもつのである。ところが、いったんこのパラメーターがある領域でどれかの値をとれば、あらゆる可能性のなかからひとつを選び取ったことになり、はじめの対称性は「破れ」る。この図の例では、臨界点ではパラメーターの値はたえずゆれ動き、どのスケールで観測しても同じに見える。しかし臨界点から離れると、系は十分に大きなスケールでひとつの状態に落ち着く（水が液体状態に落ち着いたり、小さな磁石がすべて上向きにそろったり、あるいは東向きにそろったりする）。

素粒子物理学で真空（すなわち「宇宙の基《き》底《てい》状態」）を記述するときには、その状態のなかでなんらかの定まった値をもつような、基本的な場のコヒーレント状態を利用する。この場合、秩序パラメーターは場そのものである。もしも秩序パラメーターが、さもなくば何もない空間のなかで有限な値に落ち着くならば、これらの場と相互作用する粒子は、相互作用をしない粒子とは異なる振る舞いをするだろう。さまざまな粒子間に存在していた対称性は、こうして破れることになる。

結果として、今日われわれが目にする自然界を特徴づけている自発的対称性の破れは、十分に小さなスケールでは消滅する（そして対称性が復活する）と考えられる。そんな小さなスケールでは、秩序パラメーター（すなわちバックグラウンドの場）は激しくゆれ動き、そのスケールでの粒子の運動の性質を変えることはできない。物理学者たちはまた、自発的対称性の破れは、ビッグバンによる宇宙膨張のごく初期まで時間をさかのぼれば消滅すると考えている。初期宇宙はきわめて高温だった。その場合、氷が臨界点付近の温度変化により融解するのと同種の相転移が、宇宙の基底状態にも起こりうる。十分に温度が高ければ、秩序パラメーター、すなわち自然界の基本的な場は、温度が低いときの値に落ち着くことができないため、対称性が姿を現す。そして、対称性が水の相転移を導くように、宇宙の相転移もまたこの対称性に導かれるのである。物理学者たちは、素粒子のスケールで自発的に破れている対称性のすべてに対して、その対称性を破るような相転移が宇宙の初期に起こったと考えている。今日、宇宙論研究の少なからぬ部分は、ここでもまた対称性に支配された相転移の意味を探ることに費やされているのである。

地球に話を戻せば、身のまわりの物質の振る舞いを支配している相転移において、対称性はいっそう重要な役割を果たしている。これまで見てきたように、水であれ磁石であれ、臨界点における物質の振る舞いは、秩序パラメーターの対称性によって完全に決定されている。しかし自然界の既知の対称性のなかでおそらくもっとも強力なのは、スケール不変性という対称性だろう。スケール不変性は、本書の冒頭から重要な役割を演じてきたが、そもそもわれわれが相転移を記述できるのもこの不変性のおかげなのである。

◇

磁石から水まで、臨界点にある多様な物質を関係づけるうえで根本的に重要なのは、臨界点ではあらゆるスケールでゆらぎが起こるという事実である。物質はそのおかげでスケール不変になる、すなわち、どのスケールでも同じに見えることになる。これはきわめて特殊な性質だ。あまりに特殊すぎるため、球形牛さえもたない性質である。思い出してほしいが、私はスケールをあれこれ変えたときに球形牛がどうなるかを考えることにより、生物の本質に関わるきわめて包括的な主張をすることができた。もしもそこで問題となる物理がスケール不変なら、どれほど大きな牛でも作れるだろう。しかし現実にはそんなことはできない。なぜなら、牛を大きくしていっても、牛を構成する物質の密度は変わらないからである。牛の腹部の表面にかかる圧力などの量が一定となり、スーパー牛の首の強度が体の大きさに対して一定の割合で大きくなるには、スケール不変性がきわめて重要なのである。

しかし球形牛とは異なり、相転移の臨界点にある物質はスケール不変である。水と磁石について示した図は、あらゆるスケールで系を完全に特徴づける。たとえもっと倍率の高い顕微鏡を使ったとしても、同様のゆらぎの分布が見えるだろう。このため、臨界点近くの系を適切に記述できるモデルは、とてつもなく特殊なものに限られる。そんなモデルは数学的に興味深い性質をもつため、近年多くの数学者や物理学者の関心を引いている。たとえば、スケール不変性をもつモデルとして考えられるかぎりのものを分類できれば、自然界に起こりうるかぎりの臨界現象も分類したことになるのだ。臨界現象は、自然界の現象のなかでもっとも複雑なもののひとつであるが、少なくとも微視的なスケールでは完全に予測することができる。それゆえ物理学の立場から言えば、臨界現象はすでに理解されているのである。

スケール不変性に興味をもつ人の多くは、素粒子物理学者である（であった、というべきかもしれない）。なぜなら「すべてを説明する理論」は――そんなものがあるとしてだが――スケール不変性という基礎の上に作られるはずだと考えられるからである。これについては、次章で述べたいと思う。

◇

この章を終えるにあたり、対称性がわれわれを連れて行ってくれる先についていくつか述べておきたい。科学が進歩するとき、パラダイムが変わり、新しい世界の実像が現れる。ここに述べるのは、そんな進歩の源泉をのぞき見ることのできる、数少ない領域のひとつである。それはまた、すでによく把握されていることだけでなく、把握できていないことについても語れる領域だ。なぜなら、物理学者が自然に対して抱く疑問は、まだ十分にはわかっていない対称性に導かれていることが少なくないからである。そんな例をいくつか挙げよう。

本章では、自然について暗黙の仮定をいくつか置いた。たとえば「自然は、われわれがいつ、どこで記述するかによらない」という仮定もそのひとつである。この仮定から、エネルギーおよび運動量の保存則という、物理的世界に関するもっとも重要な二つの拘束条件が導かれたのだった。また、私は自分の右手と左手を区別できるが、自然界は左右を区別しないようにみえる。物理学を鏡に映したとすると、何か違って見えるだろうか？　この問いに対する良識的な答は、「何も違っては見えない」というものだろう。

ところが、一九五六年、良識的であることの概念が劇的に変化することになった。二人の若い中国系アメリカ人理論家が、原子核の崩壊にともなう奇妙な現象を説明するために、「自然は右と左を区別する」という、とうてい信じられないような提案をしたのである。しかもこの提案が正しいことはすぐに実験により確認された。中性子が崩壊すると、電子とニュートリノが生じる。この中性子崩壊が、局所的な磁場の方向に整列したコバルト原子核内で起こるようすが観測された。もしも左と右が対等ならば、右に出てくる電子と同じだけの電子が左に出てくるはずだった。ところがこの分布に左右非対称がみられたのだ。この崩壊を支配する弱い相互作用は、「パリティー」すなわち左右対称性をもたなかったのである。

物理学界はこの結果に大きな衝撃を受け、この二人の物理学者、楊振寧と李政道は、理論的予測をしてから一年と経たないうちにノーベル賞を受賞し、「パリティーの破れ（非保存）」という名で知られることになったこの現象は、弱い相互作用の理論の中核となった。ニュートリノがきわめて特殊な性質をもつのは、弱い相互作用ではパリティーが破れているせいだったのだ（ニュートリノは、この相互作用しか感じない粒子としては、知られているかぎり唯一のものである）。

ニュートリノをはじめ、電子、陽子、中性子などは、相互作用をする際、ちょうど小さなコマのように振る舞うという意味で、あたかも「回転《スピン》」しているようである。電子と陽子は電荷をもつため、回転すればN極とS極をもつ小さな磁石のようになる。ところで、直進している一個の電子に関して言えば、本来、内部磁場はどちらを向いていてもかまわない。それに対してニュートリノは、電気的に中性なので内部磁場はもたないが、回転の向きというものはある。そして、弱い相互作用ではパリティーが破れているために、この相互作用によって引き起こされる放出過程や吸収過程で生じるニュートリノは、運動方向に対して左ねじの回転をするものばかりになるのである。そんなニュートリノのことを「左巻き」という。

自然界に「右巻き」のニュートリノが存在しているかどうかはわからない。もし存在しているとすると、そのニュートリノは弱い相互作用を感じるとは限らない。われわれが右巻きニュートリノの存在を知らないのは、そのせいかもしれないのだ。だからといって、右巻きのニュートリノが存在できないということにはならない。実際、もしもニュートリノが、光子とはちがって、質量が厳密にゼロではないとすると、右巻きニュートリノが存在する可能性が高くなる。それどころか、ニュートリノが質量をもつことがわかれば、標準モデルを越えた新しい物理学が必要であることを示す直接的な兆候と考えることができるのだ。太陽の中心部から出てくるニュートリノの検出が大きな関心事になっているのはそのためである。第1章で紹介した、ニュートリノの量が不足しているという観測結果が事実ならば、その原因としてもっとも可能性が高いのは、質量がゼロではないニュートリノが存在することだ。もしそうなら、この宇宙への新しい窓が開かれるに違いない。かつて全世界に衝撃を与え、いまではこの世界に対するモデルの心臓部となっているパリティーの破れは、自然界のもっと根本的な法則を探す方向性を指し示しているのかもしれない。

パリティーの破れが発見されてまもなく、当然あってしかるべきと思われていたもうひとつの対称性もまた、自然界には欠けていることが明らかになった。それは粒子と反粒子の対称性である。粒子と反粒子とは、電荷の符号などを別にすればまったく同じであるため、この世界に存在する粒子をすべて反粒子に置き換えたとしても、何も変わらないだろうと考えられていた。ところが現実には、話はそれほど単純ではなかったのだ。というのは、反粒子をもつ粒子のなかには電気的に中性なものがあり、崩壊のしかたを観測することによってしか、粒子か反粒子かを区別できないからである。

一九六四年、そんな粒子のひとつである中性K粒子が、粒子‐反粒子の対称性と矛盾するような崩壊をすることが発見された。犯人はまたしても弱い相互作用のようだった。K粒子を構成するクォーク間の強い相互作用が高い精度で測定され、パリティーの対称性と粒子‐反粒子の対称性は破れていないことが示されたからである。

ところが一九七六年のこと、ヘラルデュス・トホーフトがまたしても素粒子物理学の分野で先駆的な発見をした。強い相互作用を説明する理論として受け入れられていた量子色力学が、パリティーの対称性も、粒子‐反粒子対称性も破っていることを示したのである。それ以来、強い相互作用に関しては、一見すると保存されているように見える粒子‐反粒子対称性と、トホーフトが得た結果とに折り合いをつけさせるべく、いくつかの巧妙な理論的提案がなされてきた。

しかし今日にいたるも、どちらが正しいのかは明らかになっていない。もっとも興味深いのは、「アクシオン」という新しい素粒子が存在するという提案だろう。もしそんな粒子が存在するなら、宇宙の質量のほとんどを占める暗黒物質としての役割を果たせるだろう。アクシオンが検出されれば、われわれは二つの大きな発見をすることになる。微視的な物理学について基本的なことを学ぶと同時に、宇宙の行く末も明らかになるからだ。もしそんな発見ができるとすれば、その道しるべとなってくれるのは対称性に関する考察だろう。

われわれのあずかり知らぬ理由によって、自然界にはこのほかにも対称性があるのかもしれないし、ないのかもしれない。対称性は、現代の理論的研究のいたるところに顔を出す。そして対称性に関する問題が、素粒子物理学に大きな疑問を突きつけている。普通の物質を作りあげている「家族」のほかに、かなり重いことを別にすればそれによく似た素粒子の「家族」が二つも存在するのはなぜだろう？　それぞれの「家族」間で、質量に差があるのはなぜだろう？　弱い相互作用と重力のスケールがそれほど違うのはなぜだろう？　このような疑問は、対称性という共通項でくくることができる。そして、これまでのすべての経験にもとづき、その答もまた対称性という共通項をもっと予想されるのである。

第6章　終わらせるには及ばない

ここに描いた彼のおもかげが、真実そのままだと主張するつもりはない。ただ、似ているというだけにしておこう。

ヴィクトル・ユーゴー、『レ・ミゼラブル』

私が好きなウッディ・アレンの映画にこんなシーンがある。生と死の意味について悩む男が両親の家を訪れ、取り乱しながら導きを求める。父親は、息子を見上げてこうぼやいた。「人生の意味なんぞ、わしに聞かんでくれ。トースターのしくみもわからんのだから！」

これほどの説得力はなかったかもしれないが、本書のなかで私が一貫して力説してきたのも、ときに難解な最先端の問題と、身のまわりのありふれた現象とのあいだには強い結びつきがあるということだった。そこでこの最終章では、二十一世紀の新発見に向かってわれわれを突き進ませてくれるのは、まさにその結びつきなのだという点に話を絞るのがふさわしいだろう。それというのも、これまで論じてきたアイディアは（もとはといえば半世紀ばかり前に、シェルター島会議で飛び出したアイディアである）、将来になされるであろうあらゆる発見と、すでに手中にある理論との関係性に革命を起こしたからだ。その結果として、近代に起こった世界観の再編のうちで、もっとも重大な、しかし賞賛されることの少ないものが起こったのである。「究極の答」は存在すると考えるか、あるいは存在しないと考えるかは、今もなお、おおむね個人の好みの問題とされている。しかし現代の物理学は、この問題はそれほど重要ではない、少なくとも直接的には重要ではないと言える直前のところまで、われわれを導いてくれているのである。

　私がここで取りあげたい中心的問題は、「物理学の未来について考えるとき、指針になるのは何か、そしてそれはなぜなのか？」ということだ。私はこれまでかなりの紙幅《しふく》を割《さ》いて、物理学者たちがいかにして道具類を磨きあげ、今日《こんにち》の世界観を作りあげてきたのかという話をしてきた。それというのも、今日われわれが歩んでいる道を未知の領域にまでつなげてくれるのは、その道具類にほかならないからである。そこで以下では、近似とスケールに話を戻し、ぐるりと議論を一巡させることにしよう。出発点に戻って終わりというわけだ。

物理学に未来があるのは、今ある理論が完全ではないからである。このことをもう少し深く理解するために、もしも物理学に完全な理論があるとすれば、それはどんな性質をもつかを考えてみよう。これに対する一番簡単な答は、ほとんど同語反復である。「ある現象を予測するために作られた理論は、その現象のすべてを正確に予測できるならば完全である」しかしこのように定義された「完全な理論」は、はたして必ず「正しい」のだろうか？　そしていっそう重要な問題は、正しい理論は必ず完全なのかということだ。たとえば、ニュートンの重力理論（万有引力の法則）は正しいのだろうか？

なるほどニュートンの重力理論は、地球の周囲をまわる月の動きや、太陽の周囲をめぐる惑星の動きを驚くべき正確さで予測する。この理論を使えば、太陽の質量を百万分の一の精度で測ることもできるし、地表近くから打ち上げられた物体の運動を一億分の一以上の精度で計算することもできる。しかし今やわれわれは、太陽のそばをかすめる光線の曲がりは、ニュートンの重力理論を用いた計算よりも二倍だけ大きいことを知っている。正確な予測をするためには、ニュートンの重力理論を一般化したアインシュタインの重力理論、すなわち一般相対性理論を使わなくてはならないのだ。

一般相対性理論とニュートンの理論が同じになるのは、重力場が小さい場合だけである。したがって、万有引力の法則は不完全だということになる。しかし、だからといって正しい理論ではないと言えるのだろうか？　これまでの話から、答ははっきりしているように思われる――ニュートンの理論からのずれが実際に測定できる以上、これが正しい理論だとは言えないからだ。しかしその一方で、あなたが一生のあいだに目にする現象のすべてがニュートンの法則による予測と一致するなら、実際上、この法則はたしかに正しいと言わなければならない。

この混乱を回避するために、「科学的な正しさ」を次のように定義してみよう。「科学的に正しいアイディアは、この世界についてわれわれが知っているすべてのことと完全に合致《がっち》しなければならない」ニュートンの法則はたしかにこの基準を満たさない。しかし、少なくとも十九世紀の末までは、実際この基準を満たしていたのである。それでは、当時ニュートンの法則は正しかったのだろうか？　科学的な正しさは、時間とともに変わるのだろうか？

あなたは――とりわけあなたが法律家ならば――科学的な正しさに関するこの定義も、「完全な理論」の定義と同様、まだ隙があると言うかもしれない。「知っているすべてのこと」という部分を削除して、「存在するすべてのこと」とすべきである、と。たしかにこうすれば水も漏らさぬ定義になる。しかしそんな定義は使い物にならないのだ！　それでは哲学になってしまう。この定義は検証不可能だからだ。存在するすべてのことを知っているかどうかは永遠に知りえない。われわれに知りうるのは、知っていることだけなのだ。これはもちろん永遠に乗り越えられない限界ではあるが、しかしここには、正しく理解されることの少ない重要な論点が含まれている。科学の大原則であるその論点は、次のように述べることができる。「何かが正しいということは決して証明できない。証明できるのは、それが正しくないということだけだ」

これは科学上のあらゆる進歩の基礎となる、きわめて重要な考えかたである。たとえ何千年ものあいだ成功していた理論であろうと、理論と観測結果が合わない例がひとつでも見つかれば、何かを——新しいデータか、新しい理論を——補わなければならないとわかるのである。この点に関して議論の余地はない。

しかしそれだけでなく、ここにはいっそう深く、単なる言葉の意味にはとどまらない(と私は考えている)問題があるのだ。私が以下でもっぱら論じるつもりのその問題とは、「ある理論が、原理的にではあれ、正しい理論だと述べることに、どんな意味があるのだろうか?」というものだ。

一九四七年のシェルター島会議の成果として完成された量子電気力学(QED)を考えてみよう。その会議より二十年ばかり前、若かりしディラックは、電子の量子力学的な運動を記述する相対論的な方程式を作りあげていた。その方程式は、電子について知られていたことすべてを正確に記述したが、いくつか問題を提起することにもなった。そのなかの若干《じゃっかん》の問題に取り組むべく開催されたのがシェルター島会議だったことは、前に述べたとおりである。やっかいな数学的矛盾が次から次にもちあがったが、最終的には、ファインマン、シュウィンガー、朝永の三人が、それらの問題に対処し、意味のある予測をするための首尾一貫した方法を提示した。そうして得られたＱＥＤの予測は、あらゆるデータとみごとな精度で一致した。シェルター島会議からの長い年月に、電子と光との相互作用に関してなされた測定のすべては、この理論の予測とすばらしい精度で一致しているのである。実際、これほどよく検証された理論はほかにない。理論による計算は超高感度実験による測定と比較され、いくつかの場合については、なんと小数点以下九桁を上まわる精度で一致している。これよりも精度の高い理論は望むべくもないだろう。

それでは、ＱＥＤは、電子と光子の相互作用に関する正しい理論なのだろうか？　もちろんそんなことはない。一例を挙げれば、Ｗ粒子やＺ粒子がからんでくるような高いエネルギー領域の反応過程まで考慮すれば、ＱＥＤはもっと大きな理論である「電弱理論」の一部になることがわかっている。そのようなエネルギー領域では、ＱＥＤだけでは不十分なのである。

これはたまたま生じた不都合ではない。たとえＷ粒子とＺ粒子が存在せず、重力を別にすれば電磁力だけがわれわれの知る自然界の力だったとしても、ＱＥＤを電子と光子に関する正しい理論と呼ぶことはできないのである。なぜなら、物理学者たちがシェルター島会議以降の年月に学んだのは、「ＱＥＤは正しい理論だ」と述べることには、さらなる条件を付け加えないかぎり、物理的に意味がないということだったからだ。相対性理論と量子力学を合体させようとする試みのなかで（QEDは、その試みの最初の成功例である）、QEDに類似の理論はすべて、ひとつひとつの予測に対してなんらかの次元のスケールを与えたときにしか意味をもたないことが明らかになったのだ。たとえば、QEDは、10^{-10}センチメートルの距離で起こる電子と光子の相互作用に関する正しい理論だと述べるには意味がある。このスケールでは、W粒子とZ粒子は直接的な影響を及ぼさないからである。こんな細かい区別をすることにどういう意味があるのかと思われるかもしれない。しかし私を信じてもらいたいが、これは意味のある区別なのである。

第1章では、物理学の測定結果には、次元とスケールを必ずつけなければならないということを、くどいぐらいに説明した。一方、物理学の理論にもスケール（長さやエネルギーのスケール）をつけなければならないことが本格的に認識されだしたのは、シェルター島会議のわずか五日後に、ハンス・ベーテがラム・シフトの計算をやってのけて以降のことである。思い出してほしいが、ベーテは、物理的な推論にもとづいて、まだ解明されていない効果を無視し、手に負えない計算だったものからひとつの予測を引き出したのだった。

ベーテが立ち向かった難題を思い出そう。相対性理論と量子力学によれば、粒子は真空からぽっかりと生まれ出て、その後すみやかに消滅する。粒子が存在する時間は、直接には測定できないほど短い。それにもかかわらずラム・シフトの計算からは、このはかない仮想粒子たちが、普通の粒子（たとえば水素原子中の電子）の測定可能な性質に影響を及ぼすことが示されたのだ。問題は、仮想粒子の効果をどんどん高いエネルギーまで取り入れていくと、電子の性質の計算が数学的に手に負えなくなることだった。そこでベーテは、そもそもその理論に意味があるならば、非常に高いエネルギーで生まれ、それゆえきわめて短時間しか存在できないような仮想粒子の効果は無視できるに違いないと考えた。そして、完全な理論の作りかたを知らなかった当時のベーテは、うまく行くことを願いながら、高エネルギー仮想粒子の効果をただ単に切り捨てたのだった。そして実際それがうまく行ったのである。

ファインマン、シュウィンガー、朝永が、QEDという完全な理論の取り扱いかたに気づいてみると、高エネルギー仮想粒子の影響はたしかに無視してもさしつかえないことが明らかになった。そして妥当な理論にふさわしく、妥当な答を与えてくれた。つまるところ、もしも原子のスケールよりはるかに小さな時間と距離のスケールが重要になるというなら、そもそも物理学をやること自体絶望的である。それはちょうど、野球のボールの運動を理解するために、分子のレベルで作用する力を、百万分の一秒ごとに詳細に調べる必要があるというようなものだ。

第1章で力説したように、「重要でない情報は捨てなければならない」というのは、ガリレオ以来、物理学の暗黙の了解事項である。もう一度、野球のボールを例に考えてみよう。たとえミリメートル単位で運動を計算するときでさえ、われわれはボールをボールとして扱ってよいものと仮定している。しかし実際には、ボールはおよそ10^{24}個ほどの原子からなり、個々の原子は、ボールが飛んでいるあいだにも複雑な振動や回転運動を行なっているのだ。とはいえ、どれほど複雑な物体でも、その運動は次の二つの部分に分離できる、というのがニュートンの法則の基本的性質だった。(1)「質量中心」の運動。質量中心は、考察下にある個々の質量の位置を平均することにより求められる。(2)質量中心に対する個々の物体の運動。

質量中心に何かが存在しているとは限らない。たとえばドーナツの質量中心は、まさに真ん中、つまり穴のところに位置する。ドーナツを空中に放り投げれば、ひねりや回転のまじった複雑な運動をするだろうが、質量中心は、ガリレオが明らかにしたとおりの単純な放物運動をするのである。

それゆえ、ニュートンの法則によってボールやドーナツの運動を調べるとき、われわれが実際にやっていることは、今日「有効理論」と呼ばれているものを調べることなのだ。より完全な理論ということになれば、クォークと電子の理論だろうし、少なくとも原子の理論ぐらいでなければなるまい。しかしそういう重要でない自由度も全部ひっくるめて「ボール」と呼ぶことができるのだ。そしてわれわれは、「ボール」という言葉を、質量中心の意味で使っている。巨視的物体の運動法則は、その物体の質量中心の運動に関する有効理論なのである。そんなわけで、われわれにとってはボールの運動に関する有効理論がありさえすればよく、それだけであまりにも多くのことができるため、それが根本理論だと思い込んでしまいがちだ。私が以下で論じようと思うのは、自然に関する理論はすべて――少なくとも今日物理的な現象を記述している法則はすべて――必然的に有効理論だということである。それというのも、理論をひとつ書き下せば、必ず何かを捨てていることになるからだ。

有効理論が役に立つという事実は、早くも量子力学の段階で認識されていた。たとえば、ボールの質量中心の運動に相当するような原子レベルの運動を扱うとき、分子の振る舞いを理解するための代表的な方法に、分子の自由度を「速い自由度」と「遅い自由度」に分けるというものがある（その方法の起源は、少なくとも一九二〇年代にさかのぼる）。原子核は非常に重いため、分子の力に反応して原子核が行なう運動は、高速で原子核の周囲をまわっている電子の運動にくらべて、ゆっくりとした小さな振動のようなものになる。したがって、原子核（の運動）の特徴を予測するためには、次のような手続きに従えばよい。

まずはじめに、原子核は固定されていると考え、そのまわりで電子が行なう運動を求める。次に、原子核はゆっくりとしか運動しないとすれば、電子集団の状態にはそれほど影響を及ぼさないと考えられる。電子の集団は、原子核の運動になめらかについていくだろう。そして原子核の運動に影響を及ぼすのは、電子集団の状態を平均したものだけとなるだろう。こう考えれば、個々の電子が及ぼす影響を、原子核の運動から切り離すことができる。したがって、原子核の運動を記述する有効理論を作るためには、原子核の自由度だけをあらわに考慮し、個々の電子は、電荷の分布を平均したたったひとつの量で置き換えればよい。

量子力学で用いられる近似の典範《てんぱん》といえるこの方法は、提案者である二人の著名な物理学者、マックス・ボルンとロバート・オッペンハイマーにちなんで、ボルン－オッペンハイマー近似と呼ばれている。これはちょうど、ボールの運動を記述するために質量中心だけを追跡し、その後、質量中心に対する全原子の集団運動——つまりボールの回転——を考慮するのと同じことである。

もうひとつ、より最近の例として超伝導に関連する話題を取りあげよう。すでに説明したように、超伝導体中では電子のペアが集団としてコヒーレントな状態になっている。この場合、すべての電子をひとつひとつ追跡する必要はない。個々の電子を集団行動から逸脱させるには大きなエネルギーが必要になるため、事実上、個々の粒子は無視してよいのである。そうして、コヒーレントな状態を記述するひとつの量だけを使って、有効理論を作ることができる。一九三〇年代にフリッツとハインツのロンドン兄弟によって提唱され、一九五〇年にはソ連の物理学者ランダウとギンツブルグによって発展させられたその理論は、超伝導物質の主要な巨視的性質をすべて正しく再現するものだった。そのなかでもとくに重要なのがマイスナー効果であり、超伝導体中の光子が質量をもつかのように振る舞うのはこのためだった。

すでに指摘したように、重要な変数とそうでない変数とに分離するというテクニックそれ自体は、とくに新しいものではない。しかしながら、量子力学と相対性理論とを統合する試みのなかで明らかになったのは、重要でない変数は、分離するどころか、すっかり取り除かなければならないということだった。測定可能であるような微視的な物理過程について計算を行なうためには、われわれは多少の量を無視するのではなく、無数の量を無視しなければならないのだ。ありがたいことに、ファインマンらによって開発された手続きのおかげで、そのような量を無視しても問題はないことが示された。

これは重要なポイントなので、もう少し具体的に説明を試みることにしたい。電子どうしの「衝突」を考えてみよう。古典電磁気学によれば、電子はお互いに反発する。したがって、二個の電子がはじめゆっくり運動していたとすると、それらが接近することはなく、最終的な電子の状態を正しく求めるためには古典的な議論で十分である。しかし、もし電子のはじめの速度が十分に大きく、原子のスケールまで接近したとすると、量子力学的な議論が重要になってくる。

ひとつの電子が、他の電子の電場を感じたとき、その電子はいったい何を「見る」だろうか？　真空からはさまざまな仮想的粒子‐反粒子ペアが飛び出してくるから、二個の電子はそれぞれたくさんのお荷物を抱《かか》えている。瞬間的に真空から飛び出してくる粒子のなかでも、正の電荷をもつものは電子に引き寄せられ、負の電荷をもつものは反発される。電子は自分のまわりに仮想粒子の〝雲〟をまとっているようなものである。そうした仮想粒子の大半は、とてつもなく短い時間だけ真空から生まれ、とてつもなく短い距離を移動するだけなので、この雲はたいていの場合かなり小さい。大きな距離だけ離れていれば、電子の電荷を普通に測定するだけで、仮想粒子の影響をすべて測定結果に取り込んだことになる。それにより、電子を取り巻いているたくさんの仮想粒子による電場の効果を（その効果は複雑なものになるだろう）、たったひとつの数にひっくるめているのだ。教科書に書いてある電子の「電荷」とは、こういうものなのである。こうして測定されたものが「有効電荷」であり、たとえば外場がかかっているときに（テレビのブラウン管の中など）、電子の運動を調べることにより測定される電荷の値はこれである。

このように、電子の電荷が基本量だというのは、特定のスケールで測定された電子の性質を記述する量だという意味でしかない。もしもはじめの電子に別の電子を接近させれば、その電子ははじめの電子を取り巻く仮想粒子の雲の裾野のあたりで時間を過ごし、事実上、雲の内側にある電荷を探ることができるだろう。これは原理的には、ラム・シフトと同種の効果である。仮想粒子は、真の粒子の測定可能な性質に影響を及ぼすのである。ここで重要なのは、仮想粒子が電荷などの性質に及ぼす影響は、測定を行なうスケールにより異なるということだ。

ある値以下のエネルギーで運動する電子について、ある値以上のスケールで行なわれた実験について適正な質問をすれば、すべての測定結果を予測してくれる完全な有効理論を書き下すことができる。その理論は、いくつかのフリーパラメーター（電子の電荷などで、その値は実験により決定される）を、その実験のスケールにふさわしい値に「固定」されたQEDとなるだろう。しかしこの種の計算では、必然的に無数の情報が捨てられることになる。測定で探れるスケールよりも小さなスケールで作用しているであろう仮想的なプロセスに関しては、すべての情報が捨てられてしまうのだ。

それほどたくさんの情報を惜しげもなく捨ててよいとは、まるで奇跡のように思えるかもしれない。実際、この方法を考え出した物理学者たちにとってさえ、しばらくのあいだは奇跡のように思えたほどだった。しかし今日の目から見れば、そもそも物理学がやれるためには、そうでなくてはならないのだ。それに、捨てた情報が信用できるものだったとは限らないのだから。

この世界について測定を行なえば、長さやエネルギーのスケールが必ず関与してくる。今ある理論も、その理論によって探ることのできる物理現象のスケールによって限定されている。これらの理論は、われわれの手の届かないスケールで起こる無数の現象のどれかについても予測をするだろう。しかし実際に測定してみるまでは、予測された現象のどれかひとつでも信じる義理はないのだ。電子と光子の相互作用を説明するために作られた理論が、われわれが現在知っている何とくらべても何桁も小さなスケールですべてを正しく予測するというなら、それは驚愕すべきことである。たとえそうだったとしても、現状では探れもしないスケールでまでも、その理論の正しさをあてにしてよいものだろうか？　もちろん、よいわけはない。しかしあてにできないというなら、実験で探れるスケールよりもはるかに小さなスケールで起こると理論の予測する風変わりなプロセスが、現在行なわれている実験と比較できる予測にまで影響してもらっては困る。なぜなら、そんな風変わりな現象は、適用限度を越えて理論を用いたために生じたニセの現象かもしれないからだ。あるスケールの疑問に答えるための理論があらゆるスケールで正しくなければいけないというなら、われわれは「何かを説明する理論」を作るまえに、「すべてを説明する理論」を知らなければならないだろう。

では、ある理論が根本理論かどうかは、どうすればわかるだろうか？　つまり、ある理論がすべてのスケールで正しい可能性をもっているかどうかは、あらかじめわかるの

正しいかどうかはスケールしだい。

だろうか？　われわれはそれを知ることはできない。われわれが知るかぎりの物理理論は、有効理論だと考えなければならないのだ。なぜなら、その理論が現在測定可能なスケールで何を予測するかを知るためには計算を行なわなければならないが、その計算をするためには、小さなスケールで起こるかもしれない新しい量子的現象の影響を無視する必要があるからだ。

しかしありがちなことだが、一見すると欠陥としか思えないこの事実は、実は天の恵みなのである。本書の冒頭では、牛に関してすでに知られている性質をスケールアップすることにより、スーパー牛の性質を予測することができた。それと同じく、物理法則がスケールに依存することから、自然界をどんどん小さなスケールで探っていくとき、その法則がどのように変化するかを予測できる可能性が出てくる。そうだとすれば、今日の物理学が、明日の物理学への確かな道しるべになってくれるだろう。そればかりか、新しい発見がいつ必要になるかを、あらかじめ予測することさえ可能になるのだ。

より小さなスケールで起こる仮想的な量子力学的効果を考慮することにより、理論が意味のない予測をしたり、数学的に手に負えなくなったりすることがある。そうなった場合、この振る舞いを「治療」するには、どれかのスケールで新しい物理プロセスが介入してくるはずだと考えることになる。弱い相互作用の理論の発展は、まさにそんな例だった。

一九三四年、エンリコ・フェルミは、中性子が崩壊して陽子と電子とニュートリノになる「ベータ崩壊」（弱い相互作用によって引き起こされる典型的な反応）の理論を作りあげた。フェルミの理論は実験を基礎とするもので、それまで得られていたすべてのデータとよく合致した。しかしながら、中性子が別の三つの粒子に崩壊する過程を説明するために作られたこの「有効相互作用」は、実験に合うことを別にすれば、やはり取ってつけたものでしかなかった。フェルミの理論は、物理学の基本原理に立脚してはいなかったのである。

量子電気力学（QED）が完成すると、フェルミの弱い相互作用の理論は、QEDとは根本的に異なる性質をもつことが明らかになった。簡単なベータ崩壊だけでなく、より小さなスケールで起こることについて理論の予測を調べていくと、いろいろと問題が生じたのである。中性子のサイズよりも百分の一ほど小さなスケールでの実験の結果を予測しようとすると、そのスケールで起こるであろう仮想的な過程のために、理論から導かれた結果は数学的に手に負えなくなるのだ。

しかしこのことは、さしあたっての問題とはならなかった。なぜなら、それほど小さなスケールでの実験ができるようになったのは、フェルミがこのモデルを作ってから五十年以上後のことだったからである。それにもかかわらず、実験が可能になるずっと前から、理論家たちはフェルミのモデルを拡張し、その病気を治す方法を探りはじめた。

この問題を迂回《うかい》するための最初の一歩は明らかだった。理論の病気が深刻になるような距離のスケールそれ自体は、計算で求めることができた。そのスケールは、中性子のサイズの百分の一ほどで、当時最高の装置を使ったとしても手が届かないほど小さかった。そこで、この病気を治療するもっとも簡単な方法は、そのスケールでは、フェルミの理論の枠組みのなかでは予測できないような新しい物理過程が重要になって（それよりも大きなスケールでは重要ではない）、フェルミの理論に出てくる仮想的過程の良くない振る舞いを押さえ込んでくれると仮定することである。そのために一番手っ取り早い方法は、中性子の百倍ほどの質量をもつ新しい仮想粒子を考えることだった。その粒子の質量はきわめて大きいため、ほんの短い時間しか仮想粒子として存在できず、それゆえきわめて短い距離しか移動できない。そんな粒子の相互作用を探れるようなスケールで実験が行なわれないかぎり――つまり、その重い仮想粒子が移動できる距離よりも大きなスケールで実験を行なっているかぎり――新しい理論はフェルミの理論とまったく同じ結果をもたらすことになる。

すでに見たように、陽電子（仮想粒子ペアの片割れとして存在することがQEDにより予測された粒子）も、それを生成できるだけのエネルギーがありさえすれば現実に検出できる。フェルミの理論を治療するために存在を予測された重い仮想粒子についても、この点に変わりはない。そしてついに一九八四年、ジュネーヴに建設された粒子加速器で、重いW粒子とZ粒子が検出されたのである。それは理論的に存在が予測されてからおよそ二十五年も後のことだった。

すでに述べたように、W粒子とZ粒子は、素粒子物理学の「標準モデル」と呼ばれているものに組み込まれている。標準モデルは、重力以外の三つの力――強い力、弱い力、電磁力――を説明する理論であり、根本理論の候補である。この理論の枠内では、極微のスケールで起こるだろうとこの理論自体によって予測される仮想的過程のなかで、この理論によって予測されない新しいプロセスを直接的に必要とするものがない。その意味において、この理論は完全でありうる――誰もそんなことは信じていないが。同じ理由により、極微のスケールで起こるような、まったく新しい物理現象の存在を排除する理由もないのである。実際、別の論拠から、まったく新しい物理現象の存在が強く示唆されるのである。以下ではそれについて説明することにしよう。

フェルミの理論のような「病気」の理論は、新しい物理が必要だという明白な証拠を与えてくれるが、標準モデルのような「病気でない」理論もまた、それと同じことができる。それができるのは、標準モデルがスケールに依存するからである。つまりこのタイプの理論は、本来的に、どのスケールで基本パラメーターを測定するかによって変わってくるのだ。実験がどんどん小さな領域を探っていくのに応じて、どんどん小さなスケールの仮想的過程を取り込んでいくと、パラメーターの値は予測されるようなやりかたで変わるのである。このため、原子スケールの過程に関与する電子の性質は、それよりもはるかに小さなスケールで原子核と相互作用する電子の性質とは、厳密に同じではなくなる。しかし何より重要なのは、その違いは計算できるということだ！

これは驚くべきことである。「標準モデルは神聖冒《おか》すべからざる唯一の理論であり、すべてのスケールに適用できる」という考えは捨てなければならないが、しかしわれわれは連綿《れんめん》とつながる有効理論の系列を手にしたのだ。そのような有効理論のそれぞれは、異なるスケールで有効であり、互いに計算可能な方法によって結びついている。したがって、標準モデルのような性質の良い理論では、スケールが変わるにつれて、物理法則がどう変化するかがわかってしまうのである。

物理理論のスケール依存性というこのすばらしいアイディアは、一九六〇年代以降、ケネス・ウィルソンがほとんど一人で作りあげたものである。ウィルソンはこの業績に対してノーベル賞を受賞した。

スケール依存性というアイディアは、素粒子物理学だけでなく物性物理学の研究から生まれたものでもある。たとえば、相転移《そうてんい》近くでの物質の性質を明らかにするには、スケールを変えてみたときの物質の振る舞いが決定的に重要だったことを思い出そう。水が沸騰するとどうなるかという話の基礎には、観測するスケールを変えるにつれて、物質の記述のしかたも変わるという事実があった。液体の水を小さなスケールで観察すると、局所的には気体と同程度の密度をもつゆらぎが検出されるだろう。しかし、次々に大きなスケールで密度を平均していくと、ある特徴的なスケールのところで密度は液体の値に落ち着く。

ところで、平均という操作をするとき、われわれは実のところ何をやっているのだろうか？　平均とは、より小さなスケールで起こる現象の効果を均《なら》すことである。液体である水のおおまかな性質にしか興味がないのなら、小さなスケールの詳細は無視してよい。しかし、もしも水の根本理論を手にしているなら――すなわち、小さなスケールでの振る舞いも組み込めるような理論を手にしているなら――小さなスケールでのゆらぎの影響を取り入れていくにつれて、観測結果がどのように変化するかを厳密に計算することができる。それにより、臨界点――すなわち、スケーリングによる物質の振る舞いの変化が重要になる点――近くの物質の性質は、すべて計算してしまえるのである。普通の物質に対して使えるのとまったく同じこのテクニックが、自然界の基本的な力を記述するためにも使える。ＱＥＤのような理論には、独自のスケール依存性の種《たね》が含まれているのである。

◇

本書の冒頭で球形牛の話をしたときと同様、スケールについて考えることは物理学の新領域へと扉を開いてくれる。実際、牛の例に戻ってみれば、扉が開くようすもはっきりと見ることができるのだ。そこでまずはじめに、次のことを確認しておこう。普通の牛の密度や皮の強さが実験からわかれば、私はあなたに、普通の牛よりも二倍大きいスーパー牛の密度を教えてあげられる。さらに、スーパー牛について行なわれるどんな測定に対しても、私はその結果を予測することができる。

それでは、球形牛理論は、牛に関する「究極の理論」なのだろうか？　それが究極の理論だと証明することは論理的に不可能だが、究極の理論ではない、あるいは、究極の理論ではないらしいということならば、次の三つの方法で知ることができる。（1）あるスケールになると、理論がナンセンスな予測をしはじめる。（2）球よりも簡単なものを用いて同じだけの成果をあげられることが、理論それ自体から強く示唆される。（3）あるスケールで行なわれた実験が、理論では予測できない様相を示す。

次に示すのは、右の（3）にあてはまる実験の一例である。私が球形牛に塩の塊《かたまり》を投げてやったとしよう。理論の予測によれば、塩の塊は牛にあたって跳ね返るはずである。（次頁図）

ところが現実には、私が投げた塩の塊は跳ね返ってこない。こうして私は、もともとの理論では説明できないもの――口のところに開いた穴――を発見するのである。

同様に、自然の法則のスケール依存性を調べることも（前述の〔2〕）、新しい根本的

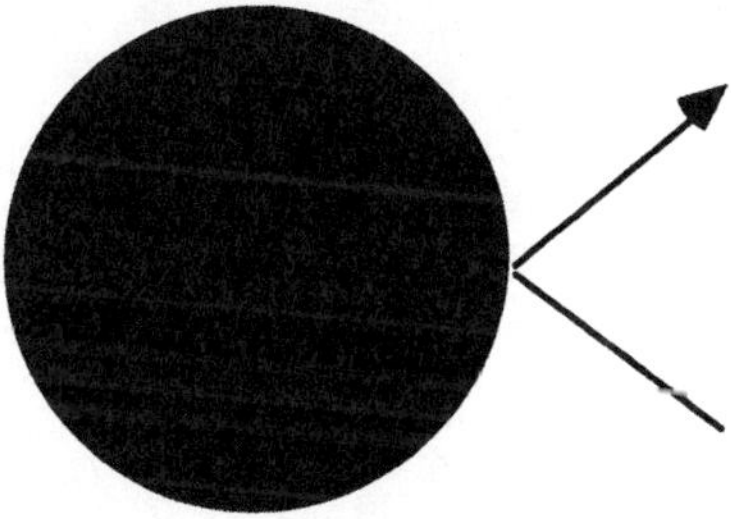

な物理を探すための重要なテクニックである。私が本書のなかで手短に説明した弱い相互作用の歴史は、その典型例となっている。以下では、もう少し新しい例をいくつか紹介することにしよう。

根本的な物理のスケーリング則には、「大から小へ《トップダウン》」方式と「小から大へ《ボトムアップ》」方式という二つの使いかたがある。経済学とは異なり、物理学ではどちらの方式もうまくいくのだ。「大から小へ」方式では、まず実験可能なスケールで既知《きち》の理論を調べ、その後スケールを小さくしていき、それにつれて理論がどう変化するかを見る。一方の「小から大へ」方式では、現状で実験できるスケールよりもはるかに小さなスケールで重要になる理論を作り、その後、小さなスケールで起こるプロセスを平均して理論をスケールアップしていく。

そうしてできた理論が、現状で測定可能なスケールの物理過程に対してどんな予測をするかを見るのである。

この二つのアプローチを使えば、今日最前線で行なわれている研究領域をすべてカバーできる。第2章では、強い相互作用（陽子や中性子の内部にあるクォークを結びつける力）の理論が発見されたいきさつについて述べたが、そこで重要な役割を演じたのが漸近《ぜんきん》自由性というアイディアだった。

強い相互作用の理論である量子色力学（QCD）は、ある重要な点において量子電気力学（QED）と異なっている。小さなスケールで現れる仮想粒子が、理論のパラメーターの変化に及ぼす影響が違うのである。QEDでは、電子を取り巻く仮想粒子の雲は、離れたところにいる観測者の目から電荷を「遮《さえぎ》る」ように作用する。それゆえ、近いところで電子を観測すれば、部屋の反対側から観測したときよりも、「有効電荷」は大きくなる。それに対してQCDは（そしてQCDのような理論だけが）、それとは逆の振る舞いをするのである。この驚くべき事実を発見したのは、グロス、ウィルチェック、ポリツァーの三人だった。クォークどうしがどんどん近づいていくと、クォークどうしが感じる「強い荷《ストロング・チャージ》」はどんどん小さくなる。それゆえ遠いところで観測すれば、個個のクォークを取り囲んでいる仮想粒子の雲のために、クォーク間の相互作用は強く見える。一方、雲の中をどんどん短い距離で調べていくと、強い相互作用はどんどん弱くなるのである。

ついでながら、近接したクォークどうしの相互作用を正しく記述する理論があるなら、スケールを大きくしていくにつれて、ものごとがどう変化するかを調べられるはずである。そして陽子や中性子の大きさほどのスケールになれば、個々のクォークを平均することにより、陽子と中性子に関する有効理論が作れそうだ、と思われるかもしれない。しかし残念ながら、それほど大きなスケールになるとクォーク間の相互作用があまりにも強くなるため、そんな計算はまだ誰にもできていない。大きなコンピューターを使ってもだめなのである。

さて近距離に話を戻すと、スケーリングの議論は一九七〇年代のはじめに強い相互作用に適用され、大きな成功を収めた。この成功に気を強くした物理学者たちは、方向を逆転させて、今日実験室で達成可能なエネルギーで探ることのできるスケールより、はるかに小さなスケールに目を向けた。この路線の先駆者となったのが、ソ連のファインマンともいうべきレフ・ランダウである。

ランダウは非常に優れた物理学者で、一九五〇年代という早い時期に、電子を探る距離を小さくしていくと、有効電荷は大きくなることを示していた。実際ランダウは、もしもQEDの予測どおりになるなら、非常に小さなスケールでは、電子の有効電荷はとてつもなく大きくなることを示したのである。この結果は、単独の理論としてのQED

は、それほど小さなスケールになる前に変更を要するという最初のシグナルだった——当時はまだ誰もそのようには受けとめなかったのだが。

エネルギーのスケールが大きくなるにつれて（つまり距離のスケールが小さくなるにつれて）QEDは強くなり、QCDは弱くなる。弱い相互作用の強さは、その中間である。一九七五年ごろ、ハワード・ジョージャイ、ヘレン・クイン、スティーヴン・ワインバーグの三人が行なった計算は、高エネルギーの最前線に対する認識を変えることになった。この三人は、エネルギーのスケールを大きくしたときに関与してくる新しい物理現象についてさまざまな仮定を設《もう》け、その仮定のもとで、強い相互作用、電磁相互作用のスケーリングの振る舞いを調べた。その結果は驚くべきものだった。弱い相互作用、実験室でこれまで探られた最小の距離のよりもざっと十五桁ほど小さなスケールになると、三つの基本相互作用の強さがまったく同じになるというのだ。

このスケールで、何か新しい対称性が重要になるとすれば（つまり、三つの相互作用を結びつけるような対称性が現れるとすれば）、三つの相互作用の強さが同じになるというのはまさに期待されることだった。この発見は、小さなスケールを探るにつれて宇宙はどんどん対称的に見えはじめるという考えかたと合致する。こうして、重力以外の力はすべて単一の相互作用から生じたとする「大統一理論」の時代がはじまったのである。

それから四半世紀が経過したが、途方もないスケールにまで拡張されたこの議論が正しいという直接的証拠はまだ得られていない。しかし、今ある実験施設を用い、高い精度で力の強さを調べた結果からは、あるスケールになると三つの力はみな同じになる可能性が支持されている。大統一というアイディア自体が正しいかどうかはともかく、こうして得られた結果は、第二次世界大戦後に成し遂げられたあらゆる進展のなかで、もっとも強く、理論家、実験家の心を捉え、実験室で直接的に測定できるスケールとはかけ離れたスケールに目を向けさせることになった。

しかしその結果は良いことばかりではない。過去においては、理論と実験は緊密に結びつき、それが素粒子物理学、それどころか物理学そのものの進歩を支えてきた。ところが今日、その密接なつながりは弱まっている。一方では山《やま》っ気《け》のある話が増え、物理学者のなかには、「すべてを説明する理論」について語る者もいるのである。

◇

物理学には、二十世紀のほとんどを通じて、われわれを正面から見据えていた天文学的に高いエネルギーのスケールがひとつある。高いエネルギーと短い距離ではっきりと病気の兆候を示す理論は、フェルミの弱い相互作用の理論だけではない。重力の理論である一般相対性理論もまた問題を抱えている。量子力学と重力とを統合しようとすると、厄介ごとが山のように出てくるのである。なかでもとりわけ深刻なのは、陽子のサイズよりも十九桁ほど小さなスケールになると、重力相互作用で出てくる仮想粒子の影響が手に負えなくなることだ。フェルミの理論と同様、一般相対性理論もまた、そのままでは根本理論ではありえない。そんな小さなスケールでは、一般相対性理論の振る舞いを変えるために、新しい物理現象が一役買うことになるに違いない。

今日までに提案されてきた可能性のなかで、もっとも注目すべきは——そして多くの人が一番見込みがありそうだと思っているのは——新しい根本的な物理もいずれは終わるという大胆な提案だろう。「量子重力理論」（一般相対性理論と量子力学が合体したもの）が病気になるようなスケールで、現在の知識の限界を押し広げてくれる新しいタイプの数学を基礎とするまったく新しい理論が生まれるならば、新しい対称性が姿を現し、物理学のスケール依存性も終息するだろうとの議論がある。もしもこの議論が正しければ、その段階で定義される新しい理論は、まさに完全な理論と呼べるだろう。

その理論では、どれほど小さなスケールで物理過程を調べようと、パラメーターを変更する必要はない。原理的には、どのスケールで行なわれたどんな実験の結果も、すべてその理論ただひとつで予測できるのである。その理論は、大きなスケールでは、今日標準モデルと呼ばれている有効理論に重力を加えたものになるはずだ。そして小さなスケールでは、その理論本来の姿に戻るだろう。そんな理論は、アインシュタインがもっとも関心をもった深遠なる問題、すなわち、「宇宙の創造には別の選択肢もあったのだろうか？」という問いにさえ答えてくれるかもしれない。

これはすばらしい夢ではあるが、今のところは夢でしかない。この分野の研究は、今のところはほとんど単なる数学である。完全に数学になってしまうのを救っているのは、他分野に——それも台所で実験できるような分野に！——小さなスケールで物理現象を記述するために、スケールに依存しない性質が必要になる理論の先例があることだ。なにしろ沸騰する水のようなありふれた物質が、臨界点ではスケールに依存しなくなるという、きわめて特殊な振る舞いをするのだから。

「スケール不変」な物理現象を記述する数学的道具の開発に貢献したのは、水のような物質の臨界点での振る舞いを調べていた理論家たちだった。いつの日か、スケール不変な物理現象が、水の振る舞いだけでなく、宇宙のすべてを説明する理論をも説明してくれるかもしれない。

「すべてを説明する理論」をめぐる推測は興味深いが、私はその話で本書を締めくくりたくはない。むしろ、そんな理論が存在すると考えるのと同じぐらい可能性のあるもうひとつの路線、すなわち、「普遍的真理を探求するという考えかた自体が、間違っているのではないか」という路線に話を戻したいと思う。もしこちらの路線が正しいとすれば、スケールをどんどん大きく、あるいは小さくしていくにつれて、未発見の物理法則が無限に現れるかもしれない。しかし、そうだとしても何も困ることはないのである。われわれがこれまで学んできたのは、物理学は有効理論という世界のなかで十分やっていけるし、今のところはそれでやるしかないということだった。有効理論は、われわれがすでに理解している現象を、まだ発見されていない現象から切り離している。「科学的な正しさ」の定義からすれば、われわれの使用する理論が真に根本的でなければならないと考える必要はもはやない。その意味において、物理学は今もなお、四百年前にガリレオが採用した原理と同じものによって導かれているのは明らかである。そして、私が本書の冒頭から一貫して紹介してきたのも、まさにその原理だった。

今日の「根本」理論はどれもみな、本質的に取り除けない近似を含んでいるけれども、われわれは何の問題もなくそれらを使うことができる。われわれを導いているのは、「重要でないことは無視する」という方針だ。そして何が重要でないかを決めているのは、今も昔も、物理量がもつ次元という性質なのだ。それが、直面する問題のスケールを定め、何を無視してもよいかを教えてくれているのである。われわれはこれまでずっと、人間としての限られた視点を乗り越え、その先にあるものを見たいという願望に駆りたてられながら、古いアイディアを新しい状況に創造的にあてはめてきた。そしてその先に見たものは、これまでのところはいつも必ず、より単純で、より対称的な宇宙の姿だった。どちらを見ても、われわれが目にするのは今も球形の牛なのである。

引用出典

三十一頁：『新科学対話』（ガリレオ・ガリレイ著、今野武雄・日田節次訳、岩波文庫、文字づかいの一部を改変させていただいた）。
九十二〜九十三頁：『五番目の男』（ロバートソン・デイヴィス著、行方昭夫訳、福武書店）。
百七十七頁：「リトル・ギディング」（T・S・エリオット著、西脇順三郎訳〔『四つの四重奏曲』、『定本 西脇順三郎全集4』筑摩書房所収〕）。
三百四頁：『レ・ミゼラブル』（ヴィクトル・ユーゴー著、辻昶訳、講談社）。

訳者あとがき

本書をはじめて読んだとき、もっとも強く印象に残ったのは次の三つのことだった。一番めは、物理学者は牛をマルで近似するというジョーク。二番めは、暗い夜道を歩いていてポケットに車の鍵がないと気づいたなら、どこで鍵を落としたかはともかく、まずは明かりの下を探せという教訓。そして三番めは、ハンス・ベーテのことを「物理学者のなかの物理学者」としていることである。この三つは、物理学の（あるいは「科学の」と言ってもいいかもしれない）方法のなかでも、比較的理解されにくい、しかしかなり本質的な部分と密接に関係しているように思う。

たとえば、少し前に華々しく脚光をあびたカオスや複雑系に関連して、「こうした非《ひ》線形《せんけい》の領域は、従来の科学を超えるまったく新しい科学だ」といった言いかたをされることがあった。しかし私は、そういう科学観はちょっとおかしいと思うのだ。それがなぜおかしいのか、本書の著者ローレンス・M・クラウスならば次のように教えてくれるだろう。

これまで物理学が非線形の問題をあまり扱ってこなかったのは、簡単に言えば、コンピューターという道具がまだなかったからでしかないだろう。物理学者たちは、今できることの範囲内で、つまり線形理論によって世界を説明しようとした。それはちょうど牛をマルで近似するようなものである。角も尻尾もないではないかと言われればたしかにそのとおりだが、しかしまったく扱えないのではない。それどころか、そんな近似からでも重要な結果を引き出せるのである。「できることからやっていく。そしてとりあえず使える道具で結果をつかみ取る」というのは、「牛をマルで近似」してみる精神であり、「明かりのあるところを探す」精神だ。その後、新しい道具ができれば、それに応じた工夫をすることになる。もしもコンピューターが使えたなら、ニュートンだって、いやニュートンならばこそ、きっと線形方程式という浜辺から、非線形方程式の海へと踏み込んでいったにちがいない。

かつて「ニューサイエンス」なる言葉がもてはやされた時代に、経済学者浅田彰氏が「サイエンスというものはそれ自体常に新しいものであって、ニューサイエンスなどというものはありえない」と喝破されたが、それはまさに著者クラウスの主張と重なるものだろう。

本書にはもうひとつ、物理学にとって大切な精神があげられている。いわゆるトンデモ系と、そうでない科学との分かれ目になるのは、「しっかり検証された理論はおいそれとは手放さない。使える手はとことん拡張して使ってみる」という精神だ。本文のなかで繰り返し説かれているように、アインシュタインは従来の科学を捨てたわけではなかった。それどころか、それまでの科学をとことん突き詰めて考え抜くなかで、革命的な拡張を成し遂げたのである。これこそが「明かりのあるところを探す」精神と並び、著者クラウスが物理学の重要な方法だと考える「創造的剽窃《ひょうせつ》」の精神である。

この二つは、これまで物理学を導いてくれただけでなく、これからもずっと物理学の方法の基礎となってくれるだろう。本書の後半では、このほかにも物理学を未来に向かって導いてくれる魅力的な考えかたが三つほど登場するが、それらもまた、ここに取りあげた二つの精神の基礎があってのものだ。

ところで、物理学の方法に対する著者のこういうスタンスがもっともよく表われているのは、著者がハンス・ベーテこそ――アインシュタインでもディラックでもなく――「物理学者のなかの物理学者」だと述べる部分ではないだろうか。なぜそうなのかは本文に説明されているが、この機会にぜひ、そのハンス・ベーテという物理学者のことをわずかなりとも紹介したい。

一九〇六年七月二日生まれのベーテは、今年で九十八歳になろうとしている。二十二歳の若さで博士号を取得したベーテの物理学者人生は長く、しかも非常に実り多いものだった。私が大学院に入ったころは、すでに過去の巨人たちとともに二十世紀物理学の伝説の人となっていた。しかし他の巨人たちとは異なり、彼はまだ現役の「生きた伝説」だった。一九七五年にコーネル大学教授を引退してからは、もっぱら宇宙物理の研究に力を注ぎ、凝縮物質、熱核反応、ニュートリノ反応、衝撃波などの分野で培《つちか》ったテクニックを駆使して最前線に立ちつづけた（創造的剽窃の精神！）。また、九十歳を過ぎても量子力学の講義を行ない、「ベーテに量子力学を習うのは、トルストイにロシア文学を習うようなものだ」と言う人さえいる。

本書は拙訳によって、かつて一度講談社から出版されたものだが、そのときベーテはまだ健在で、研究に教育に核軍縮にと精力的な取り組みをされていることが私にはうれしかった。あれからおよそ十年、このたび全面的に改訳して、早川書房《数理を愉しむ》シリーズの一冊としてふたたび皆様のもとにお届けできるようになった。その今も彼が存命であることは、なにか私にとって特別な贈り物のように思えるのである。ベーテに献ずるつもりで懸命に仕事をしている翻訳者がいることなど、彼には知るよしもないだろうが、許された時間のなかでより良いものにしようと力を尽くしたつもりである。

今現在の力で訳し直したいという私のわがままを聞き入れ、支援してくださった早川書房編集部の伊藤浩氏に厚くお礼申しあげる。

二〇〇四年四月三十日

青木薫

解　説

理論物理学者
佐藤文隆

本書でいう発想法は大雑把《おおざっぱ》に言うと、「物事を数字化してみる」と「表面上違う現象を同じ原理でみる」である。後者は、一九八〇年頃に明確になった素粒子相互作用の統一理論の完成に動員された理論を題材としている。著者は素粒子物理の理論物理学者で、この「統一理論」の前進を受けて展開された、ビッグバン宇宙論と素粒子という研究課題で活躍したアメリカの研究者である。この時期の研究を私は『宇宙を顕微鏡で見る』（拙著、岩波現代文庫）と表現しているが、素粒子や原子核というミクロの物理学で超巨大の宇宙が解明されていった時期であった。この時期に発表された多くの論文の中に、彼の名前をしばしば目にした記憶がある。

「そうだ、そうだ！」

日本人だろうがアメリカ人だろうが理論物理学者という人種はみんな似たような発想をするな！ というのが本書の実感である。私の書いた力学の本（『運動と力学』〈岩波講座物理の世界〉）の帯に書かれている宣伝用のコピー文には「自然をありのままに見ない修行」とある。これは本書の冒頭にある「まず、牛を球と仮定します……」という精神と同じものである。「ありのままに見ない」ことは新発想の出発点である。物理学の新発想は物事を数字化して扱うことである。拙著『科学と幸福』（岩波現代文庫）には次のように書いている。「一〇センチを半分にすれば五センチだが、一〇センチの頭を半分にすると言えば普通の人は血の滴《したた》る半分の頭を想像してしまう。これでは数学にならない。ここにどうしても専門家になるための日常思考からの離脱法が必要になる。ポアンカレは、異なるものを同じものと見なす技術こそ数学であると言っている」〝頭を半分にする〟と聞けば、「頭蓋骨があるから簡単に切れない」、「殺人だ、警察を呼べ！」、という反応もあろう。前者なら医者に向いているし、後者なら弁護士に向いている。そして数理的〝修行〟をすれば、「五センチだ」という反応になるであろう。

また著者が私と同種の価値観を持つ物理学者だと思ったのは、フェルミが学生に呈《てい》したという「シカゴにピアノの調律師は何人いるだろうか？」という質問を書いてることだ。フェルミは高度な理論的研究もあれば原子炉を作り上げる実行力もあった超人であり、我々のような物理学者にとっては憧《あこが》れの大物理学者である。この超人の発想の一面を伝えるのがこの「シカゴのピアノ調律師」である。この話は本書第二章に書かれているのと同じ趣旨で拙著『宇宙物理』（岩波書店）の〝まえがき〟にも書いてある。このような桁《けた》数でよいから概数の感覚を磨くことが宇宙物理のような分野では絶対必要である。

たとえば「近畿圏で毎日いくつの葬儀があるか？」と「毎晩一個の超新星爆発を見るには何個の銀河を観測しなければならないか？」とが似た方法で計算される。私は大学での「宇宙物理」の講義の試験に「葬儀の数」の推定問題を出したりしている。もう少し意味のある概数計算は「毎日の食事のカロリーは約二〇〇〇キロカロリーであるが、人類総数が生きるに必要な最低エネルギーと地球が受けとる太陽エネルギーの比較」である。ともかく常識を駆使して概数を計算する能力はフェルミが言うように未知の課題に挑戦する際の出発点である。長年、宇宙物理をやってきた私はこういう物事を数字化してみせる能力にかけては玄人《くろうと》として自信がある。黒板上での数式演算の速さの特技とともに自慢の種である。

「それでどうした！」

あれこれ数字をひねり回して楽しい気分になる物理屋精神というのはまったくこの本

に書いてあるようなものである。この著者と私も似たもの同士だとつくづく感じた。ただ「そんな特技があるのは分かったが、それでどうした！」と冷ややかに見る向きが世間では大半だということにも注意しなければならない。

「お弁当箱に食べ残しのごはん三粒、千万人が一日に三粒ずつ食べ残しても既にそれは、米何俵をむだに捨てた事になる、とか、（中略）自分がいま重大な罪を犯しているみたいな暗い気持になったものですが、しかし、それこそ「科学の嘘」「統計の嘘」「数学の嘘」で、三粒のごはんは集められるものでなく、掛算割算の応用問題としても、まことに原始的で低脳なテーマで」、プラットホームから足を落としこむプロバビリティーを計算するような「仮説を「科学的事実」として教え込まれ、それを全く現実として受取り、恐怖していた昨日までの自分をいとおしく思い、笑いたく思ったくらいに、自分は、世の中というものの実体を少しずつ知って来たというわけなのでした」（太宰治著『人間失格』）

確かに交通事故で日本では毎日五〇人ぐらい死んでいる。しかしそうかと言ってみんなが危険を感じて運転を止めるわけではない。このように確率や大数の実感をどう持つかというのはものすごくややこしい問題である。飛行機や原子力発電の事故は数少なくても必ず報道されて目に付くが、毎日のように起こるので報道されない死亡自動車事故には目が行かなくなる。先だっての鳥インフルエンザで、少なくとも日本では誰ひとり死んでいないが、あれだけ鳥や卵を捨てる大事件になった。我々が実際に死ぬ病気よりもそっちの方がかえって怖いものに見えてくる。確実に誰かが死ぬ運転はするが、国内に死者がでたわけでもない狂牛病を恐れて肉を食べるのを止める。ともかく、珍しい事件の過剰な報道の中では正常な感覚を保持するのは大変である。大多数の人間にとっては現実に災害を蒙《こうむ》るよりはいかにこの情報被害から精神を正常に保つかの方がよっぽど大変である。

数字をめぐる論議は政治経済や社会問題ではいっそうややこしい。年金が二〇〇兆円不足するという計算が示されると一斉に二〇〇億円の無駄遣いの糾弾《きゅうだん》に話題が移行して本質問題の論議は先送りされる。「無駄遣い」糾弾は確かに必要だが、それが計算に及ぼす影響は総額の一万分の一の数字にしか過ぎない〝些細《ささい》な〟話でもある。だがそんな反応をするものなら「問題は数字でなく、取り組む姿勢こそが問題なのだ」と一喝されて話は別次元に逸《そ》らされ、肝心の一万倍もの大問題は無視される。太宰が言うように数字のマジックに騙されない感覚も大事だが、数字が語る現実の重みも少しは実感をもって受取るべきである。

数字化

いずれにせよ、数字化は精神的に囚《とら》われている状態から解放される手段の一つである。

しかし、社会経済事象となると、けっして万能ではない。そこに気付くには数字自体は人工物であることを思い起こせばいい。対象に数字が書いてあるわけでない。たとえば地球の半径は六千何某kmと記憶している人もおるでしょう。だけど本当は地球の大きさを尺度にして1メートルを決めたのである。すなわち地球を完全な球として赤道から極までの長さの一千万分の一を1mと「国際条約で決めた」のである。この取り決めでいうと、半径は $R=(2\times10^7/\pi)\,\mathrm{m}=6366.2\cdots\mathrm{km}$ というようになり、「六千何某km」という微妙な数字は円周率 $\pi=3.14\cdots$ という数字では決まっているに過ぎない。「じゃ実測なんか要《い》らないのか」と早合点されては困る。1mの物差しを作るのには地球の実測が要る。長さの尺度は文化圏ごとにいろいろあって、デファクト・スタンダードが決まりにくく、地球という不偏不党《ふへんふとう》的な尺度が浸透したわけである。

太いのも細いのも、白いのも黒いのも、体重計に身体を載せれば数字に化ける。数字などどこにも書いてないが、一定の手続きで数字化すれば、数字の間の関係が発生する。数字化の仕方はある程度任意である。普及するのは便利なものである。そしていったん数字にすると数字同士の関係として法則性が方程式で書ける。これが物理学を先頭として諸々の数理的科学の手法である。

ところがこの手法の赫々《かっかく》たる成功の迫力に押されて、いつのまにか対象に対する逆転した信念が芽生えてきた。すなわち「数字化されることを待っている量がはじめから隠されている」という、逆立ちした発想で対象に迫る見方が社会に蔓延《まんえん》してきた。この蔓延の最たるものは「才能を数字化する」である。いったん才能を「数字化されることを待っている量」だと思ってしまうと、それをどう精密に測るかの話に没入してしまう。幽霊の体重測定みたいなものである。数字化の手法の使い方も誤らないようにしなければならない。

本書は、一九九六年四月に講談社より『物理の超発想——天才たちの頭をのぞく』として刊行された作品を文庫化したものです。

訳者略歴　1956年生，京都大学理学部卒業，同大学院修了　理学博士　翻訳家　訳書に『「無限」に魅入られた天才数学者たち』アクゼル，『2次元より平らな世界』スチュアート（ともに早川書房刊），『宇宙が始まる前には何があったのか?』クラウスほか多数

HM=Hayakawa Mystery
SF=Science Fiction
JA=Japanese Author
NV=Novel
NF=Nonfiction
FT=Fantasy

〈数理を愉しむ〉シリーズ

物理学者《ぶつりがくしゃ》はマルがお好《す》き

牛を球とみなして始める、物理学的発想法

〈NF291〉

二〇〇四年五月三十一日　発行
二〇一四年十月二十五日　二刷
（定価はカバーに表示してあります）

著者　ローレンス・M・クラウス
訳者　青木《あおき》薫《かおる》
発行者　早川浩
発行所　株式会社早川書房
郵便番号　一〇一 - 〇〇四六
東京都千代田区神田多町二ノ二
電話　〇三 - 三二五二 - 三一一一（大代表）
振替　〇〇一六〇 - 三 - 四七七九九
http://www.hayakawa-online.co.jp

乱丁・落丁本は小社制作部宛お送り下さい。
送料小社負担にてお取りかえいたします。

印刷・精文堂印刷株式会社　製本・株式会社川島製本所
Printed and bound in Japan
ISBN978-4-15-050291-1 C0141

本書は活字が大きく読みやすい〈トールサイズ〉です。